2024後疫時代
最夯人寵健康"氧法"！

Pet Friendly!

喜歡自然療癒力嗎？

喜歡牠陪你長久嗎？

喜歡懶人運動法嗎？

喜歡專家導師陪嗎？

時尚享受、內外美麗、多元健康、全新體驗

科學化和智能化的結合，傳達正確的健康知識，體驗非

侵入性的服務，讓人寵快速輕鬆起來！

～歡迎預約現場體驗～

雍大-人寵AI智能健康館

預約專線：02-26953311

新北市汐止區福德二路390號1樓

寵物星球頻道 目錄

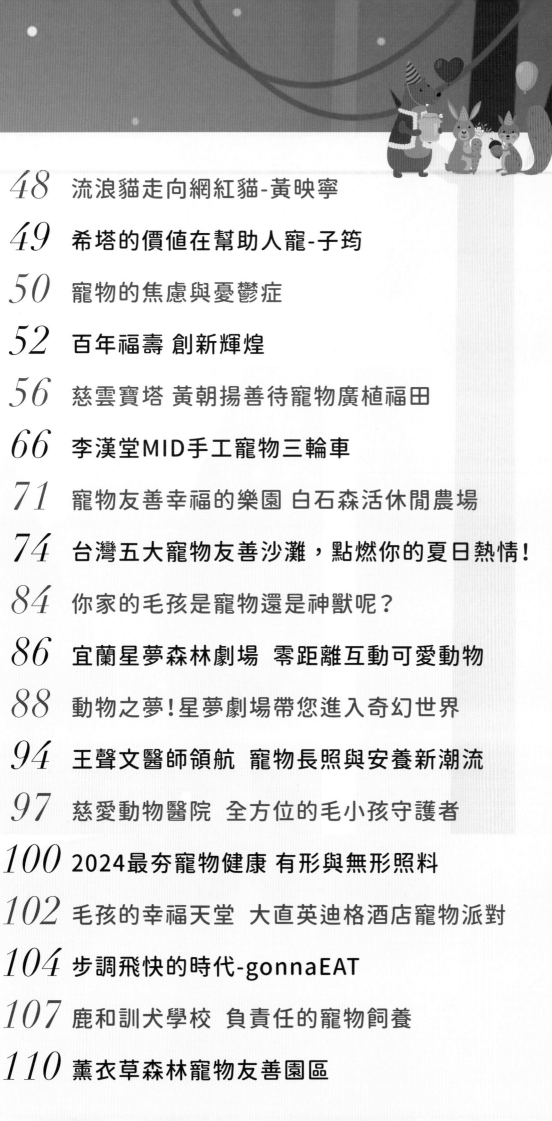

智慧寵物時代來臨
AI科技引領寵物新時代

文・圖/寵物星球頻道 創辦人 王鼎琪

身為全腦高效能訓練師和企業策略顧問，我一直致力於啟發企業家的潛能。然而，我的使命並不僅止於商業舞台，而是延伸到了一個更富情感連結、更微妙且情感豐富的領域"人寵世界"。

寵物療癒力量：重新定義人寵互動

2020年新冠疫情讓宅經濟崛起，也彰顯了人們對「療癒」和「心靈」的渴望。在這段期間，我們意識到寵物所帶來的無限溫暖，數據顯示未來寵物的數量將會大幅超過新生兒數量，這代表著人與寵物的關係將更為密切與重要。

在這啟發下，我創立了「寵物星球頻道（Pet Planet Network）」。這不僅是一個商業計畫，更是一個凝聚力量的社區，致力於宣揚人與寵物共生、共學、共修的精神。我的目標不僅僅是提供寵物主人相關的知識和資源，更在於建立一個多元且包容的人寵社會。

寵物星球頻道的使命

我所創立的寵物星球頻道不僅僅是一個平台，更是一個深度連結。這裡不斷匯集來自東西方文化的最佳資源，提供專業的獸醫、營養、行為訓練、心靈溝通等知識。我們致力於探討寵物所需的長照、保險、美容以及食衣住行育樂各方面的需求。透過這樣的綜合資訊，我們為未來的毛孩和飼主提供多元且完整的平台，助力彼此在共生的時代中更深入理解與共同成長。

寵物星球頻道創辦人 王鼎琪

共享資源 寵物界競爭力的提升之道

我與來自寵物各專家及熱愛者合作，舉辦一系列的寵物身心靈健康活動。透過這些活動，我希望讓更多人能夠共享資源、培養技能，增進彼此的競爭力。這也是一個平台，讓台灣品牌得以走向國際。

我的目標是在這個人寵共生時代，讓更多人加入這場「寵物星球頻道」的分享與助人過程，集結台灣的菁英資源，讓台灣在全球發光發亮！

全腦高效能在寵物領域
全新的應用探索

我的學歷與經歷充滿多元化與廣度，從英國牛津Oxford Brookes研究所畢業後，我即踏上了企業顧問的道路。作為全腦高效能訓練師和企業策略戰略顧問，我在全球各地舉辦演講，走遍世界45個國家，與世界級專家合作，出版14本國際暢銷書，曾獲得多項國際大獎的肯定。

這些經歷不僅塑造了我的專業角度，也讓我看到將人工智能應用於寵物領域的無限可能性。驅使我將焦點轉向寵物AI市場，希望能利用我在全腦高效能和企業策略方面的專業知識，為人與寵物的共生帶來新的可能性。

未來AI診斷寵物健康

革命性的人工智慧寵物科技

寵物AI市場的前景十分引人注目，身為寵物愛好者，我一直對如何改進寵物的生活品質和醫療護理抱持極大興趣。AI技術在這領域中具有革命性的影響力，對於提升寵物生活有著無限可能。讓我們深入探討，看看它如何為寵物世界帶來改變！

一、AI寵物醫療診斷工具

AI醫療診斷工具的應用提高了寵物疾病的診斷準確性，同時提供更個性化的治療方案，有助於更好地管理寵物健康，延長他們的壽命。進一步來說，AI技術也應用在心理治療領域，協助解決寵物的情緒和心理健康問題，深化主人與寵物之間的情感聯繫。

AI技術的進步正為我們的毛小孩，帶來更優質的生活和更人性化的照護。這些技術不僅改善了寵物的生理健康，同時也關注寵物心理層面的需求，進一步拉近了主人與寵物之間的情感連結。

二、AI智慧寵物配食系統

隨著人們對寵物營養關注的增加，AI智慧寵物配食系統為主人提供更佳的飲食建議，滿足每隻寵物的個性化營養需求，有助於他們更健康地成長。同時，透過更智慧的飲食管理，能夠改善寵物的情緒狀態和行為問題，提高寵物的生活品質。

三、AI寵物行為辨識應用

寵物行為一直是我們關注的焦點，而AI的應用有助於深入理解和應對寵物的行為。這些系統分析行為模式，為主人提供更優質的訓練方式，加強與寵物之間的溝通和互動。同時，透過AI技術的進步，更能深入了解寵物的情緒和需求，從而提供更適切的心理療法和支持。

技術融合 人與寵物的新互動時代

當AI人工智慧技術融合到寵物界時,開啟了一個振奮人心的趨勢。這種整合不僅為寵物主人帶來了全新的互動體驗,豐富了寵物訓練、健康管理和娛樂的可能性。

首先,AI的應用為寵物主人提供更富挑戰性和互動性的遊戲體驗。透過AI智能技術,能夠根據寵物的行為模式和需求,提供個性化的互動體驗。結合擴增實境(AR)和虛擬實境(VR)技術,使得主人和寵物參與遊戲更加豐富有趣,進而促進寵物的智力發展,同時提供更多的活動空間,保持寵物在遊戲中的活躍和健康。

其次,AI技術的運用也加強了寵物訓練的效果。AI模擬了各種情境,幫助訓練師更有效地培養寵物的行為和技能。搭配AR/VR的互動性,訓練師能更準確地指導和評估寵物,不論是基本服從指令或是較複雜的行為訓練,都能得到更全面的培養,同時提高了訓練的趣味性。

AI人工智慧技術的整合為寵物帶來更豐富、更智能化的體驗。這種整合擴展了寵物的娛樂選擇,同時提升寵物訓練和健康管理的水準。AI技術的智慧讓寵物世界更加多元,同時提供更多元的照顧方式和娛樂選擇。

AI將改變未來人寵生活

寵物AI時光膠囊

隨著AR(擴增實境)、VR(虛擬實境)和MR(混合實境)技術的蓬勃發展,結合AI科技的寵物時光膠囊已經成為一項充滿商機的創新應用。這個獨特概念基於AR/VR/MR技術,為寵物主人提供了一個全新的數位平台,讓他們可以在線上紀錄、分享並保存寵物的珍貴時刻,無論是生前的歡樂瞬間還是往生後的難忘回憶。

這種時光膠囊的應用,能夠貫穿寵物一生的各個階段,從幼年的童趣到成長歷程的冒險,一直到暮年的回憶。透過AR技術,寵物主人可以將虛擬的時光和現實生活深度結合,打造出一個生動且互動性十足的寵物時空膠囊體驗。

在這個平台上,飼主可以上傳照片、影片、寵物的喜好、生活點滴等各種資訊。AI技術透過AR的輔助,以更生動的方式呈現這些資訊,例如在使用者家中呈現一個虛擬的寵物遊樂場,讓飼主與過世的寵物再度互動。VR技術提供更沉浸式的體驗,使飼主彷彿能視角親歷寵物在不同生命階段的點滴。

寵物時光膠囊 與過世寵物重聚

當寵物往生時，這個平台也可以成為一個珍貴的回憶庫。透過MR技術，虛擬和實際融為一體，飼主可以再次與過世的寵物互動，回顧那些美好的時光。這種方式不僅僅是回憶，更是一種更深層次且充滿情感共鳴的體驗。

寵物AI時光膠囊的商機，不僅在於滿足飼主對寵物的深厚感情和回憶，同時，建立一個社群平台，讓寵物愛好者能夠分享彼此的故事、交流經驗，形成更廣泛的社交圈。這不僅提供情感上的撫慰，同時推動AR/VR/MR技術在寵物領域的應用和發展。

為人寵共生時代做好準備

為了迎接人與寵物共生的未來，寵物星球頻道一直是我們努力的成果，不僅僅是傳遞寵物理念的平台，更是熱愛寵物的人們交流空間。

隨著AI以及AR/VR/MR技術的蓬勃發展，我看到重新定義人與寵物互動的潛力。這不僅是技術創新，更能加深我們彼此間情感聯繫的可能性。這將拉開更緊密、更豐富的人寵互動時代序幕。

寵物AI時代來臨

我們的目標是透過教育和平台推廣，讓更多人了解這些新技術的價值。透過寵物星球頻道，我們努力提供準確且易於理解的信息，讓更多人為人寵共生的時代做好準備。

未來將會有更多寵物融入人們的生活，這將激勵更多科技創新。我們的目標是為這個領域帶來更多機遇，同時深化人與寵物間的情感聯繫。

在這充滿機遇和挑戰的未來時代，我們將繼續探索社會新興行業：寵物溝通師，為毛孩帶來的無限可能性，以及人寵共處時的精彩體驗：台灣友善寵物沙灘，成為您與毛孩共享天倫之樂的理想去處。這些精彩話題都將在寵物星球頻道帶領您深入探索，期待與您攜手共同揭開，這充滿驚喜與情感連結的未來之門。

人寵將開啟新互動時代

歡迎加入 寵物星球頻道Line@ 一起交流

寵物的魅力

究竟是寵物改造主人，還是主人建造寵物

文‧圖/世界領導人協會理事長
世界總裁協會理事長
楊慧珺（世界先知總裁）

放眼望去，寵物與我們每位飼主都有著一份難以割捨的深厚情緣，不免讓人懷疑是否有前世因緣？是否今生再續前緣？莫名的緣份，就這麼悄悄地來了，彷彿有著一條無形的因緣線，將我們與寵物緊緊的牽引在一起，即便是金剛剪、萬用刀也剪不斷、割不開。

我們的「緣份」從哪來？

如此奇妙的緣份，讓我們遇見了你，透過眼神交流、心電感應，撫摸輕觸，我們邀請了這位可愛的小生命走進了我們的生命裡，不多說一句話，不多說一個字，就能成為彼此的最愛。

當我們將這可愛的寵物邀請回家，一系列與寵物的親密同居歲月就此展開，於是竭盡所能的寵愛，寵到不能再寵，幾乎寵上天！偶爾這小動物也會鬧脾氣、不聽話，也會出現小失常，哭哭鬧鬧！有時還是個破壞王，抓咬啃壞沙發和玩具，更嚴重的是急病、意外受傷，莫不教人心膽顫、備受煎熬。

這一切源自對寵物的愛，出自於真心真意，從一見鍾情的那天起，不管前世今生，只管今世今生，我們真誠流露，心心相融，朝夕相處，就像家人一樣的親暱。

寵物已成為陪伴我們每天親密相處的家人，彼此依偎，相親相愛，互相療癒，沉浸在歡樂的每一天！

前世因緣 人寵今生相會

寵物崛起的時代已來臨

聽到這一首繞樑三日的寵物之歌，讓人不禁驚嘆，寵物崛起的時代來臨了！寵物不但已經是家家串聯、人人互動佔了近八成的話題；而且人人手機裡幾乎都有寵物的照片。我們且來反觀與深究，緣的由來真的很奧妙！

原來一見鍾情，不是僅止於在人與人之間，更能可以顯現在主人與寵物之間，也是可以情有獨鍾的！從一見鍾情緣的牽引到愛不釋手、難分難捨的緣份的融合、甚至改變自己的一切種種，一切彷彿都是冥冥中注定。

常有主人問我，跟我的毛小孩有前世今生的關係嗎？我跟我的毛小孩，有輪迴轉世的因果問題嗎？

世界先知總裁楊慧珺解析，家寵與神獸如何分辨？

寵物前世今生

我跟我的毛小孩,會有來世情緣的續緣嗎?更有人問,我的毛小孩,可以投胎回來當我的小孩嗎?這一連串的問題,答案是肯定的!

在宇宙定律中,萬生萬物、萬景萬象都存在著回歸原極的法則,更何況靈魂還是依循著生生不息、不息不滅的在為重修而來。然後不斷輪迴、不斷轉世、不斷投胎、不斷在因果中的一切一切……為重封圓滿而回!

而主人與寵物之間的情緣,存在著良緣、惡緣、孽緣、報恩緣、改造緣、建造緣……等等。而寵物滋潤、軟化主人的力量,幾乎可以媲美愛情的力量,主人可以為寵物掏心掏肺、可以為寵物犧牲奉獻、甚至可以為寵物改變自己、建造自己讓寵物變成生活重心與生命支柱。

家寵與神獸如何分辨

大人跟著小孩走,小孩跟著寵物走,這和因果有關更與前世今生相關,最重要的是寵物崛起的時代來臨!

觀望時勢需求,老人大多都是寵物在陪伴,所以有了寵物陪伴的趨勢;還有因為養小孩的不容易,和喜歡輕鬆的生活而以寵物為孩子定位,更甚至有因為對人性的不信任,所以遺產、財產都經過基金會、信託,給了自己最心愛的寵孩。

這些都是事實更是趨勢,所以究竟是寵物改造主人?還是主人建造寵物?不管是哪一個,寵物變成生活主題和世界主流,卻是無法否認的。

經常也有人問,為什麼我喜歡的寵物跟別人不一樣?為什麼我的寵物,在別人的認知是我很怪,但我就是很愛牠,我只是喜歡的,跟你們不一樣而已,難道就因為我養的是老鷹,因為我養的是蜥蜴,因為我喜歡養的是蟒蛇……等等畸珍異類的屬性,就代表我很怪嗎?

綜觀古代帝王、古代偉人所圈養的也都是森林猛獸、森林之王。為什麼到我時,我反而變成異類了?當你想要追求答案的時候,這就是你要開始你的靈魂之旅、要開始探討你跟寵物之間的沁性之行了。

寵物與主人需要翻譯官

人寵之間的沁性之行

第一、主人對寵物的靈魂之旅十問：

1. 寶貝呀，不知道你跟我是什麼因果？
2. 寶貝呀，不知道你跟我是什麼福報？
3. 寶貝呀，不知道你跟我是什麼淵源？
4. 寶貝呀，不知道你跟我是什麼桎梏？
5. 寶貝呀，不知道你跟我是什麼前世？
6. 寶貝呀，不知道你跟我是什麼今生？
7. 寶貝呀，不知道你跟我是什麼相欠？
8. 寶貝呀，不知道你跟我是什麼頑皮？
9. 寶貝呀，不知道你跟我是什麼情感？
10. 寶貝呀，不知道你跟我是什麼淘氣？

第二、寵物對主人的沁性之行十問：

1. 主人啊，請問您知道我為什麼而來投胎嗎？
2. 主人啊，請問您知道我為什麼會當寵物嗎？
3. 主人啊，請問您知道我的靈魂如何改造嗎？
4. 主人啊，請問您知道我的魄體如何建造嗎？
5. 主人啊，請問您知道我的業障如何結清嗎？
6. 主人啊，請問您知道我要如何圓滿今生嗎？
7. 主人啊，請問您知道我要如何福報報福嗎？
8. 主人啊，請問您知道我要如何大自然力嗎？
9. 主人啊，請問您知道我要如何不再輪迴嗎？
10. 主人啊，請問您知道我要如何不再投胎嗎？

寵物與主人之間，需要橋樑來幫忙翻譯彼此之間的心事與秘密，這需要藉由有「先天旨令」的老師來協助。

寵物對主人的沁性之行，我們可以尊請駐節的寵物命相師，為您探索靈魂之旅尋求解答、探究心靈之旅找尋綠洲、探討體魄之旅打開桎梏，讓主人對寵物更是了解與相知。

主人對寵物的靈魂之旅，我們可以尊請駐節的寵物療癒師，一方面讓寵物的健康有所調整、一方面幫助寵物的情緒安定安穩、一方面幫助寵物的身心靈SPA。

不管是有生之年還是無生之年，靈魂最需要的就是被驗收，此生此世的功勳；就像電影與神有約一樣，不管是人或動物，甚至萬生萬物萬景萬象，凡是有生命、有靈魂往生後都要被接受檢驗考核此生的功勳、還原回歸此世的種種。

全部福報因果結算後，方可知是否圓滿？故主人需要幫助寵物未雨綢繆、有備無患的預約未來世、預約星際、預約靈魂官邸、預約保險、預約財產……皆是未來的事實。

很多人會問，我的毛孩會保護我嗎？這時候就要鑑定你的毛孩，是寵物還是神獸？

因為寵物的特性，大多是討囍、溫馨、可愛、陪伴、頑皮……其靈性一般；而神獸的任務是要保護護衛主人，所以脾氣古怪、個性不穩、性情怪桀……不好駕馭且深具挑戰，其靈性高傲與高尊。

老祖先說無緣不相識，果然是有道理的。舉例而言：我自己認養的一尊黑貓跟我的緣份來自古埃及，原來她是埃及貓，所以自然跟來自埃及靈魂的主人相遇！地靈魂的使命是要保護主人，所以被定位在神獸，當然地的靈魂很厲害，但是個性也超深沉的。

而另外認養的二尊，分別是黑虎斑法鬥與奶油鬥。當初在取名時可是經過一番功夫，不管哪一個地們都說不符合地們的靈魂、本命與時運。最後我們的黑虎斑法鬥說話了，說是秦始皇的靈魂轉世投胎（沒錯，就是您想的那位，建設萬里城長程統一七國的秦始皇）。

因為罪孽深重，這輩子要來重修，沒想到變毛寵；再來奶油鬥也來了，當然地也有意見要發表，說是成吉思汗的靈魂來投胎轉世（不要懷疑，就是西征

心心相融朝夕相處人寵一家親

橫跨征戰四分之三版圖最後往生於征戰上的元朝創立者成吉思汗）。

因為惡障深淵這輩子要來重修，沒想到變家寵。牠們二尊跟我的緣份，竟然是王不見王的相對論，要修到王見王的相融論，所以他們的靈性一樣定位在神獸，從神獸開始修行。

時代在變、趨勢在變，2021年是寵物崛起年，寵物的數量將超越人類、寵物的食衣住行將媲美人類、寵物的生活世界即將也有美容SPA、做身體SPA……。

寵物也面臨繼承遺產，所以主人除了喜歡寵物命相外，會逐漸趨向幫寵物理財規劃、寵物生命規劃。所以身為寵爸、寵媽、寵家人的我們，是否應該好好思考一下，寵物與我們要如何圓滿彼此之間的福報？

期許您跟我有相同的認知與觀念，讓我們一同為寵物的需求而超越、突破、精進！為牠們的靈魂解困、為健康超脫解脫，更以彌補牠們的不足，創見寵物王國來幫助寵物們。

時代改變 寵物世代來臨

前世今生 靈魂的時空旅遊

緣份使我們在這個世界，上億人口中相遇相知、相惜相愛又可能相離；
因有緣而相聚，因相聚而產生情感，情感便是糾葛糾纏的開始。

文‧圖/鳳凰國師 張琳妮

芸芸人寵 輪迴不已

好比愛情，是一場輪迴，這輩子的愛，是上輩子的債。沒有結果的愛情，是前世因今世果，三分先天註定的緣、七分後天靠彼此修為的份。又好比寵物，千千萬萬芸芸人寵之中，邀請了牠回到自己的家，其實就是一場久別重逢的相遇，延續未了的情緣、未完待續的故事……

我從小就與靈性連結很有緣，從事心身靈產業已有十多年的經驗，因緣際會之下在協助一位個案時，發現她的寵物，在她的生命中佔有很大的比重，明顯感受到他們之間緣份的連結，及強烈的情感呼應。

在與個案諮詢過程中，個案表示常常會有莫名的不舒服，但看醫生卻檢驗不出來，求助無果才透過介紹找到我們。當我們在查詢原因的程序時，一直連結到另一個生命的靈光，接著發現這個訊息是來自於她的寵物。

看到個案與寵物的開心互動，我很開心並有自己被療癒的舒適感，原來寵物跟人一樣，是很需要身心靈均衡，與主人共同成長。因為寵物與人的能量和電波不同，為能更完善的協助人寵的身心靈。回顧這十年來，一切都是上帝巧妙的設計與安排，在這期間經歷了自己的寵物因年邁、生病、離世。

也許前世今生我們是母子？或許前世今生我們是兄妹？或是前世今生我們才是牠的寵物？

在不同的時空背景下，我們靈魂的每一世，可能都發生著差不多的事、遇到差不多的人、做著差不多的決定，而造就差不多的命運，我們又可曾想過該如何跳脫？

對於一般人而言，透過前世今生的鑑定後，了解到現況卡住的地方，原來是前世尚未突破或尚未圓滿的地方。如此心境上，就比較能夠釋懷與放下執念，在優點上持續發揮，在缺點上改變方法技巧去彌補。過程中會知道，這就是在做能夠突破命運枷鎖的事，明白頓悟後，就會願意一直做下去。

人寵相遇是場美麗的輪迴

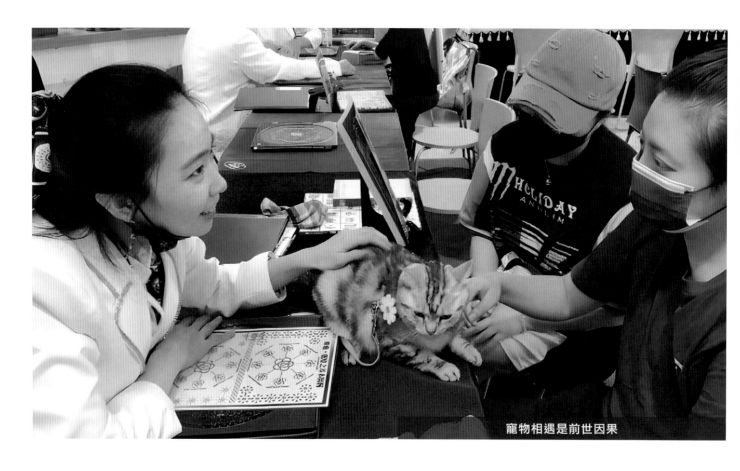

寵物相遇是前世因果

人寵圓滿 圓樂生情

若將寵物比喻為一個能量光源在地球上的載體，透過療癒石的能量傳導與共鳴，來找尋光源基因的記憶體。向宇宙發訊搜尋相同的能量母源，來修復與調節失衡的載體。

回憶起我剛開始執行寵物溝通時，一對夫妻很興奮的想知道，他們飼養的寵物皮皮，想跟他們說些什麼?皮皮是一隻大約七、八歲很貼心的馬爾濟斯，特別愛撒嬌，喜歡跟媽媽一起窩在沙發追劇。

那是媽媽跟牠的獨處時光，但不喜歡媽媽出門噴的香水味。因為聞到香水味道，就知道媽媽要出門了。會抱怨爸爸工作不努力、所以牠的零食才會那麼少，卻又心疼爸爸上班時間長，回家都很疲憊的樣子。

在溝通的過程當中，兩位主人覺得好氣又好笑，實在拿皮皮沒辦法。從他們的眼神跟語氣中，充分感受到他們對於皮皮滿滿的寵愛。關於皮皮的健康，易經建議要注意牠下顎部份，似乎因為長期吃太快，進食時常常會沒有咀嚼幾下就吞嚥，導致下顎到喉嚨有受傷卻不知道。皮皮開始能量波顯得較沉與緩慢，牠說媽媽每次都問：最愛爸爸還是媽媽?

在傳達這些訊息時，我感到牠強烈的不捨，兩位主人聽到後不斷地落淚。一直希望皮皮不要說這些不吉利的話，他們無法接受聽到這些內容，所以不願意再做後續的溝通。

大約兩個月後，男主人難過的告訴我：皮皮一週前離開了。男主人請我幫助皮皮完成心願，讓牠不要被帶到其他地方去，能成為他們家的守護神。我們協助幫皮皮的骨灰做處理，並讓皮皮的靈光，領到家裡守護神的旨令。因為牠再次來找我幫忙，皮皮靈光領守護神旨令的事，都沒有告訴家人，因為牠覺得太玄妙!

寵物與我們的緣份妙不可言，更不可思議的是，雖然語言不相通，但心靈卻是可以相融的。透過寵物溝通，可藉由寵物更認識自己、圓滿自己、造就自己。如果你愛牠，請了解牠;如果牠愛你，更請了解牠，因為牠是您此生選定的天使，來協助你的人生更加完整。

靈魂意識 因因果果

　　當我們與寵物共處時，仿佛重新找到了連結自然、連結宇宙的通道。寵物就像一面明鏡，反映著我們內在的情感與能量。從牠們身上，我們學習如何理解、接納、並且擁抱自己的不完美。透過牠們無聲的陪伴，我們發現了生活中不可思議的溫暖，即便在失去的時刻，那份情感仍然繚繞在我們周遭，成為我們內心最溫暖的守護神。

　　寵物與我們之間的連結，彷彿是引領我們找到前世今生的線索。這不單單只是命運輪迴，而是一種重新理解自己、調整自己、並且接納自己的機會。透過前世今生的鑑定，或許能看到現在困境的來源，更重要的是，透過這種認知，我們可以找到釋懷與成長的契機。

　　每一次的領悟都像是一道閃耀的光芒，引領我們邁向更高的洞察與成就。這不僅是命運的轉折，更是意識深度和命運重新詮釋的起點。我們的生命，宛如宇宙般無限廣袤，透過連結和領悟，我們方能探索命運背後的無限可能性，開啟生命中無盡的機遇。

　　與寵物相伴，與命運連結，皆是生命中最美麗的旅程，在此連結中，我們找到了生命最深處的力量，也找到了超越命運的可能。

鳳凰國師張琳妮(左)與寵物星球頻道創辦人王鼎琪

透過寵物連結找到前世今生線索

何謂寵物溝通師

寵物溝通師是一個新興的職業，也稱為寵物/動物心理師、寵物溝通員、個人喜歡稱之為寵物翻譯官。寵物溝通師這個職業的主要職責是透過溝通與訓練技巧來幫助寵物主人和他們的寵物建立更好的關係，從而改善寵物的行為問題，提高其生活質量。

文・圖/Lucas

寵物不會說話 飼主更該去了解

寵物溝通師的工作涉及到多個層面。首先，他們需要了解不同種類的寵物，常見的包括狗、貓、鳥類、兔子、烏龜、鼠類、爬蟲類等等，了解牠們的基本行為特點、身體語言以及情感表達方式。其次，他們需要學習溝通技巧，包括心靈感應、直覺感知和非語言溝通等，以便與寵物進行有效的溝通和交流。

飼主問寵物溝通師的問題五花八門，最常問到的是到底愛爸爸還是愛媽媽之類的，問題中反應了一家人親情與調皮，寵物溝通師其實就是寵物翻譯官，這職業和寵物訓練師不同，像需要學習行為訓練技巧，以及寵物克服各種行為問題，如咬人、攻擊、吠叫、亂咬東西等，這類問題其實是寵物的行為，其實是該去找專業寵物訓練師改善。

能和寵物溝通的方式很多，寵物溝通師也有非常多的派別，常見的有透過易經、希塔、心靈溝通、靈魂溝通、塔羅牌、紫微斗數……等等。某些寵物溝通師還不一定需要寵物在現場都能溝通，而準確率又令人意外的高，不得不佩服這些老師的專業。

我與各式寵物溝通師合作過，每次溝通過程都驚訝萬分！曾經有一位非常不相信這種寵物溝通師職業的飼主，保持者懷疑的態度坐在溝通老師對面，在紙上只簡單寫出寵物的名字、年齡以及提供照片，是的，那隻寵物當天沒有在現場，而寵物溝通老師，拿出他的易經盤，問了問事，還不等飼主開口，溝通老師就回覆說，你家鬥牛犬最近都不爽，不爽你幫牠換了一個很硬的寵物床，牠睡的很不舒服。當下，我見到那位飼主的下巴快掉到桌面，嘴上一直說你怎麼會知道，你有去過我家嗎?溝通老師繼續說，你家鬥牛犬說牠比較喜歡上一次買的飼料，這次的不好吃但牠還是得必須吃，跟自從你上次帶牠海邊後，已經二到三個月沒帶牠出去了，當下，那位飼主佩服的五體投地，繼續連忙喋喋不休請溝通老師繼續翻譯飼主和愛犬的疑問。

在進行寵物溝通時，寵物溝通師需要了解寵物基本資料，以及飼主期望與寵物溝通的問題，由於寵物並不會說話人類的語言，但寵物們還是擁有他們的表達方式，而寵物溝通師正是可以翻譯此訊息的翻譯官。

寵物溝通師是專業寵物翻譯官

專業解析 寵物溝通師 vs. 寵物訓練師

一、目的不同：寵物訓練師的主要目的是教導寵物遵從命令、學習技巧和紀律，讓寵物成為更好的寵物伴侶。寵物溝通師則專注與寵物進行溝通，了解寵物的需求、感受和意圖，幫助主人更好地理解寵物並改善彼此之間的關係。

二、技能需求不同：寵物訓練師需要掌握特定的教學技巧，例如正確的點擊訓練、肢體語言指導和獎勵懲罰等技能，以便培養寵物的好習慣和消除不良行為。寵物溝通師需要精通動物心理學、直覺溝通和解讀寵物肢體語言等技能，以便幫助主人與寵物進行有效溝通。

三、範圍不同：寵物訓練師的範圍通常是訓練寵物的

基本行為，例如聽從命令、坐下和待在指定區域等。寵物溝通師的範圍則更廣泛，他們可以幫助主人解決各種與寵物相關的問題，例如行為問題、健康問題和情緒問題等。

寵物溝通師促進更親密的人寵關係

隨著飼養寵物的家庭與文化的普及，人們對寵物心理健康的關注度不斷提高，現今全世界飼主需要寵物溝通師的市場逐漸擴大。許多寵物主人意識到寵物也像人一樣有情感和感受，需要關注和照顧。寵物溝通師可以幫助主人更好地了解寵物的需要和心理狀態，進而提供更好的照顧和陪伴。

學習寵物溝通沒有門檻

人生的際遇是如此地巧妙與神奇，記得在外星人博物館服務時，我開始研究外星人，研究怎麼和外星人溝通，相信有絕大多數的人都認為不可思議，和外星人溝通？還真的比登天還難啊。

文・圖/趙楳順

那時我看到世界易經協會開辦的「寵物溝通師」課程招生訊息，立刻引發我的興趣，「和寵物溝通」，那將會是多麼有趣的事啊！二話不說馬上報名上課，準備和寵物說話去。

專心學習上課後，開始實地進行寵物溝通，積極地參與活動。跑遍各地大小活動和團體，從政府的大型認養會、寵物公益電影十二夜的活動。最讓我開心的是，能夠運用與寵物溝通的能力協助寵物認養。這幾年協助超過600隻寵物接受認養，找到新主人搬到新家，讓毛寵們備受呵護、生活安穩。行善最樂，這句話一點也沒錯。

世間所有的相遇 都是久別重逢

人世間有樂有苦，寵物的世界也是如此。有時寵物溝通順利，比中樂透還歡樂；但也曾遇過寵物的臨終溝通，某飼主緊急萬分的與我們聯繫，「家中的寵物已經快不行了！請楳順老師趕緊來和寵物溝通，問問牠有什麼最後的心願？」

病危的毛寵表示，「很感謝主人全家人的照顧，請跟主人說不用照約定只養我一個。希望主人能再養一隻毛孩，來代替我陪伴全家。」又回憶起這一生與家人們種種的互動，大家聽到了莫不感動淚流。

資深寵物溝通師 趙楳順

這世間所有的相遇，都是久別重逢，在毛寵世界更是如此，愛心滿溢的飼主們必有觸動心弦的體會。

活動時間：1/28(一)~1/30(三) 上午11：00~以上

道你適合用哪一種開運法，讓新的一年厄運退散，好運旺旺來呢？

占卜師來為您解惑...要捐出**全館不限金額發票三張**，

年開運法囉，活動...募集到的發票將全數捐贈 創世基金會桃園分院

有心你也能成為寵物溝通師

最後一個夏天 最是寧靜安詳

　　長期和動保團體合作，這次是老犬安養計畫中的「最後一個夏天計畫」，主角老犬「阿拐」從小生活在收容所，被醫生宣判生命只剩倒數一個月。安養計畫的目的是讓這些生命，只剩最後倒數計時的寵物們，送到愛狗的家庭生活，臨終關懷倒數最後幾個小時，收容所志工一起到「阿拐」的接待家庭，我用視訊幫「阿拐」做最後的道別溝通，包括有道謝、道歉、道愛。阿拐說，牠看到在收容所已離世的四個好朋友們（狗狗），以往生靈魂犬來到身旁等待接引，牠也一一的和來送別的志工們道別。

　　大家想像如此溫馨安詳的畫面，阿拐離世時，有著過去生活在收容所的同伴們圍繞身旁，接引往天國路上，雖然離開飼主是傷心難過的，幸運的是因身邊有好友相伴，並不孤單寂寞；而讓飼主與志工們感到莫大安慰的是，即便毛寵離去是不捨的，但有好友陪伴，也能發自內心祝福牠一路好走。

離世溝通 懺悔情緣

　　許多毛孩離世後，飼主始終滿心不捨念念不忘，除了藉由照片、影片，甚至還保留著毛孩的玩具衣物、用過的器物來抒發滿滿的思念之情外，還可透過離世溝通來了解對方，在另一個時空過得好不好？是否也像自己在思念牠一樣在想念著自己呢？

　　這是一位飼主因懺悔而來幫寵物做離世溝通，毛寵糖糖是一隻雪納瑞。兩年前因為飼主出國時把牠交給朋友照顧，卻因為朋友不瞭解寵物的急症病痛而錯失黃金治療時間，導致糖糖緊急動了兩次手術，術後的後遺症跟著牠，長期忍受病痛的折磨，一直到病痛離世，轉眼間至今已五年了。這些年來，飼主內心備受煎熬，總認為是自己的過錯，而讓糖糖受苦難才遺憾告別世間。

　　飼主很擔心已經離世五年的糖糖是否還可以做離世溝通？我告訴他，基本上離世多久都能做，只是靈魂已經去投胎了，但還是能找到暫存的靈魂來溝通。

在我找到糖糖的靈魂後，請牠先講述與主人相關的三件事來讓對方確認，首先是糖糖有很特別的舔手習慣，牠會像貓一樣，一隻手舔完再舔另一隻手，有點像飯後洗手的習慣。

當這三件事確認後，主人激動地淚如雨下。五年來衷心想要跟糖糖道歉懺悔，但是毛寵卻反過來安慰飼主，「主人，這本是我該經歷的因果，我才要感謝主人，本來我只求有一個能遮風避雨溫飽的地方，但是主人寵愛我像皇帝般尊貴，我很知足，更願意讓主人再去養其它的寵物，讓生活有所寄託，不再抑鬱難過，可以開心快樂的過每一天。」

飼主告訴我，在糖糖火化時，他難過地表示不會再養其它寵物，這輩子就只有糖糖這個毛寵。

溝通結果：毛寵希望飼主把對牠這一生的愛延續下去，請飼主再養其它寵物。因為寵物最能感受到，飼主對牠們的疼愛和用心，期望把這份愛移轉到另一隻幸福的毛寵身上，讓飼主跳出懺悔的執念漩渦，不再執著對不起牠的過去。

離世糖糖 希望主人將愛延續下去

寵物靈魂溝通 甦活疼愛記憶

某次的錄影現場，現場人員臨時起意，加錄離世寵物溝通片段。當找到寵物靈魂後先講三件事，讓飼主當場確認。這隻名叫「蛋珠」的寵物表示：小主人很喜歡叫牠的小名，也很喜歡搓揉牠的小腿，飼主聽後一臉驚嚇，噗哧笑了出聲；還有飼主喜歡摸摸牠的屁股。飼主聽完，認同點頭，也跟著我做起摸牠屁股的動作。當這三件事都獲得飼主證實，現場人員莫不被這百分百的準確度震撼到說不出話來。

蛋珠說現在的自己是個快樂的靈體，只是錯過兩次投胎機會，所以還再等待新主人。飼主則充滿期待地對蛋珠說，「希望以後你來當我的小孩，讓我疼愛你一輩子。」

每一個毛寵都是靈性的動物，主人對牠們撫摸互動、關愛交流都會讓牠們深植在靈魂的記憶中，即便是到了另一個時空，也無法抹去這疼愛的身體記憶。

如果你喜愛寵物，歡迎來體驗寵物溝通師課程，如果你愛心滿滿想做公益，可以善用寵物溝通師的專長來協助寵物認養；如果你想將此作為職業，你正好趕上寵物產業起飛的時刻，從2021年起新生兒數量已經被毛寵的數量超越了，毛孩的藍海商機此時是正最佳時機。

學習寵物溝通真的沒有門檻，最重要的是有一顆愛和善良的心。

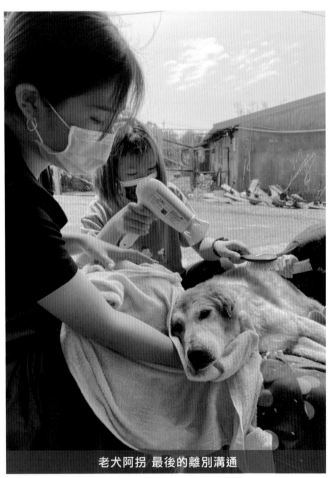
老犬阿拐 最後的離別溝通

每個毛孩 都該受寵對待

寵物是主人內在的投射

從出社會以來，我一直都是做業務主管的工作，目前經營寵物溝通身心靈事業。
我對自我探索很有興趣，花了很多時間和金錢，上很多身心靈成長課程。

文・圖/Sandy

讓人寵之愛流動

2018年我的人生陷入了低潮，老是在一樣的事情上卡關，讓我覺得萬念俱灰。感謝我的好友，介紹我去香港上希塔療癒的課程，開啟了我的感知力和不一樣的人生。

基於好奇我開始徵詢個案，有幾個案例是來詢問寵物，發現人跟寵物一樣，有自己的想法和信念，會受傷也想被接納。因為我很喜歡動物，所以就開始朝寵物溝通發展。

至今，我已服務過1000多個以上的寵物個案，寵物其實很好被療癒。因為牠們無法說話，以及思維邏輯的不同，很容易造成跟主人之間的誤解。寵物溝通師的工作，就是讓主人去了解寵物內心的想法，接納和理解，就是愛的流動。

想回家的黑狗

在我溝通過一千多個案例中，特別舉（想回家的黑狗）為例。個案是一隻小黑，就是那種你常常在路上會看到，很難分辨牠們不同的那種黑狗。主人從收容所領養回來飼養一陣子，剛跟小黑連結上後，感覺牠很膽小害怕、很敏感。我溝通很多浪浪，都是收到

年薪百萬轉職寵物溝通師

這樣害怕的負能量。因為不論是流浪動物之家或收容所，對牠們而言都是一段可怕的回憶。

小黑運氣很好，遇到一個愛心滿溢的女主人。女主人問我一個問題：為什麼每次帶小黑出門散步時，牠都蠻開心的，但一下子就直暴衝，不知道牠到底要跑去哪？我問了小黑，結果牠傳來一個緊張的心情，跟我說：我要回家、我想要回家！主人聽完就說：沒錯啊！牠就是都往家裡的方向跑，而且感覺是緊張害怕的。女主人難過的說：我無法想像，到底以前小黑過的是多悲慘的日子！為什麼會這麼沒有安全感？

我幫小黑做了希塔療癒，移除了牠心中的害怕、被遺棄的信念，動物跟我們一樣，也有自己的想法，當然會有牠的信念。

我下載安全感的感覺給牠，再跟主人說：不用替牠覺得難過，這種難過情緒投射對小黑沒有幫助。重要的是只要好好愛牠就好。主人才意識到，自己不需要再為了小黑，過去的悲慘流浪生涯傷心難過，常常投射這種，「你好可憐」的負能量到小黑身上。

不需要再恐慌啊！我告訴小黑：你現在有家了！你是一個有家可以回，很幸福的狗狗，永遠不會再流浪了⋯⋯

學習寵物溝通改變我的人生

傳遞希塔寵物溝通與療癒

寵物內心很單純

最後我收到牠給我一個安心的正能量，我知道小黑理解了。不需要再害怕沒有家可以回，現在女主人的家，是牠溫暖的住所，一直都會存在的。

我擅長處理的議題：寵物溝通、負能量清理、金錢相關議題、親密關係、親子關係、原生家庭制約、祖先業力。可以替寵物做的服務：負能量的清理、療癒動物內在的創傷、不安全感、傳達牠們對主人的感受和想法。

我想跟主人們說：寵物其實內心很單純，請不要用人類複雜的想法，去看待你的寵物。有時我們對牠們的打罵，會造成寵物內在很大的恐懼，進而有可能會產生行為上的偏差。

因為牠們要的只是，一個安定舒適的居住環境，有時一些改變，例如搬家、主人太晚回家、或大聲責罵⋯⋯很大的刺激，我們若能理解這些情緒，就不會有所誤解了。

米茶幸福盧枕頭

我再舉案例二：米茶（台語）是一隻在收容所待了10個月的貓，因為是玳瑁，想領養牠的人非常少，但我在臉書看到照片，第一眼直覺就是牠了！

果然到了現場，在一大群貓當中，牠完全不突出，安靜不吵，志工姐姐一直說：很奇怪這麼乖的貓怎麼會待在收容所那麼久？我當下就脫口而出：因為在等我啊！

一連結到牠，真的是一隻很穩定又乖巧的孩子，在收容所裡有自己的一套安身立命方法，從不惹事剛好適合多貓的家庭，當下就立馬決定是牠了！果然沒有錯，牠從一進門開始就乖巧萬分，凡事都讓姊姊們。我永遠忘不了第一天晚上，牠可以跳上床睡覺時，興奮的把頭一直盧枕頭，整個臉湊在我脖子上，好像在說：我也有家了，好開心啊！

玳瑁或許沒有討喜的外表，其實看久了超可愛，普遍個性都很友善，真的很推薦給多貓家庭，因為能好好過日子的就是好貓，不是嗎？

案例三：當我第一次做烏龜溝通時，跟原本的期待不一樣，因為大部分溝通師都說：烏龜愛講話。但我連結的烏龜明明話好少，害我以為是不是斷線了。跟主人確認後才發現，牠長期被關在後陽台，很少跟人互動，聽完真的有點心酸……

我發現如果主人跟寵物，有很多互動的話，通常可以很快的連結，而且溝通上都很順暢。但是如果寵物長期沒有與人互動，甚至是被關起來，很明顯會無法跟牠有太多的互動，因為牠們並不習慣這樣做。

希望大家都能好好跟寵物有互動，愛是流動的，牠們都可以感受到。

每隻寵物都該遇到命中注定的主人

什錦 MIX

地表最強 凍乾寵食

極鮮 FRESH 凍乾主食餐

Fresh meals with a variety of delicious ingredients

- 頂級新鮮肉品及多種美味食材
- 無穀低敏配方降低食物敏感因子
- 複合益生菌及消化酵素維持腸道健康
- 深海魚油＋卵磷脂幫助毛髮光澤亮麗

雞肉主食餐　　牛肉主食餐　　鹿肉主食餐

 福壽實業股份有限公司
FWUSOW INDUSTRY CO., LTD.

廠　　址：43354台中市沙鹿區沙田路45號
45 SHA-TYAN ROAD SHA-LU TAICHUNG TAIWAN

電　　話：(04)2636-2111(代表號)
服務專線：0800-712678
(週一至週五08:00-12:00；13:00-17:00 國定假日除外)

遇見生命中最閃亮的曙光

2016年是我的學習成長年，這一年開始投入動物溝通、寵物保母證照的培訓、寵物專業人員TTouch工作坊，寵物長照課程研習、安寧靈性關懷人員的培訓課程、動物行為溝通培訓。

文‧圖/采菲

關於寵物的種種相關課程，並不亞於我們人類，甚至是分門別類更精細。為了提昇自己的專業能力，2019年我又報名美國希塔療癒課程，成為專業療癒師後，協助動物溝通的委託，並進修美國希塔官方認證療癒導師，和取得動物課程導師的資格。在動物溝通、療癒的領域，紮紮實實堅持耕耘了七年之久……。

曾經，動物是我黑暗人生中的一道微光，如今，這道微光已轉變為在生命中的一道閃亮曙光，持續照耀著我在寵物溝通、療癒愛的道路上往前邁進。

和動物結緣，緣起於這本<<我有話，要對你說：來自108動物同伴的愛&療癒>>書籍，結集十二位動物溝通師所記錄可愛動物們的奇妙言語，真誠又率真。彷彿是和親暱的家人般自在相處，牠們的本能與初心，總令我感到安定和溫暖，從此我與動物溝通結下了不解之緣。

人寵關係建立在正確平等的溝通

某隻貓咪表達愛意的方式是：每天清晨在主人房門口喵喵叫，主人出門前，牠也在腳邊磨蹭撒嬌地喵喵叫。飼主不堪其擾，要求與寵物溝通，當我知道貓叫聲，其實是出自於對主人愛意的表現，但過多的愛，有時卻是會造成傷害。我對貓咪曉以大義：愛主人最

好的方式是讓他能好好睡覺，這樣才會有精神去上班、陪你玩。

貓咪具有靈性，牠明白，只有對主人好，才是真正的愛主人。和貓咪達成協定後，從此以後，清晨再也聽不到貓叫聲，主人睡得安穩，一整天元氣十足。當飼主理解貓咪的行為，是對自己的關愛，不忍再苛責，更加倍疼愛，人寵關係更加親密。

寵物與動物會表達牠的感受

　　我們和動物溝通，並非只是下指令，說一不二，真正的用意是要去了解牠們小腦袋瓜的想法；若是對毛孩頤指氣使，難保牠會與我們硬碰硬抗衡；平心而論，毛孩都有一顆順服的心，牠們是真的願意為主人做出改變。毛寵只有人類智商1-3歲，在我們人類的眼中，牠就是個孩子，飼主必須要多點耐心包容理解寵物，因為可愛的毛寵在我們心中，時時刻刻都值得關心與呵護。

愛的道別，臨終溝通

　　天下真的沒有不散的宴席，即便人寵關係緊密，但還是會有離別的時候，溝通師的任務主要就是扮演溝通與協調，擔任飼主與寵物間的橋梁，讓二者達成最後共識，圓滿道別。

　　曾有飼主誤將我們寵物溝通師當成獸醫師，最常遇到的情境是「臨終溝通」，一旦動物因病痛面臨臨終，緊急之道當然還得要專業獸醫師率先治療搶救，

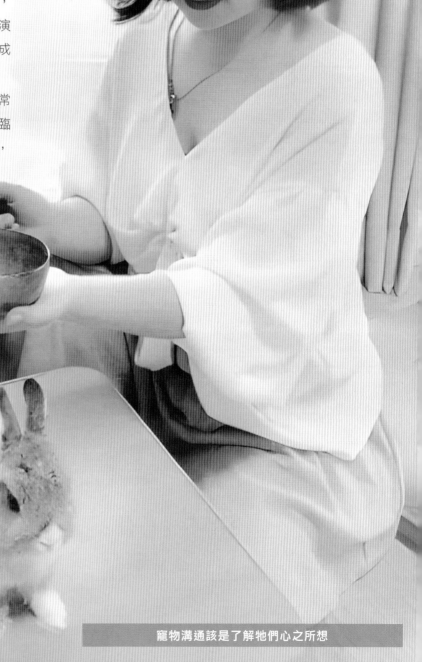

寵物溝通該是了解牠們心之所想

直到真的束手無策，我們才能接下最終的臨終溝通。有隻貓咪在臨終前的彌留時刻，還捨不得闔上眼睛，飼主一家人想完成貓咪最後的心願，透過我的轉述，貓咪說希望家人們都能陪伴圍繞身旁，牠還想到陽台吹吹風，藉由涼風帶走病痛和不開心的一切。不久後，貓咪就在疼愛牠的家人陪伴下往生了。

毛寵的逝去，對於飼主而言，就猶如親愛家人的離去，多年相處的情感，怎能說離開，就輕易放下。然而，透過我們寵物溝通師所做的臨終溝通，讓飼主完成毛寵最後的遺願，彼此不留遺憾。

與動物溝通建立在「頻率」和「信任」的基礎上

初認識朋友得知我的工作是寵物溝通師，經常露出一臉不可置信的表情還反問我，「你真的會說狗言貓語？你真的可以跟動物說話？到底要怎麼跟動物說話啊？」誤以為從事這工作需要特異功能，或是有特殊的體質，甚至還要會通靈。

根據研究，人類集體意識是可以跟動物溝通，大家總以為跟動物溝通要懂得牠們的語言，就像和韓國人溝通，要講韓文；和日本人交流要說日文。

但實際上，我們是用「頻率」和「信任」與動物溝通。萬物各有頻率，動物也有牠們自己的頻率，用這本能的頻率和同伴們溝通互動。我們萬物之靈的人類也是從動物演化而來，只不過是被氾濫成河的資訊以及起伏波動的情緒所干擾，而關閉了與生俱來和動物的溝通能力。

很多人特別是對「離世溝通」抱持懷疑的態度，更甚者覺得荒誕虛妄不可信。

動物溝通的本質是一個橋梁與媒介，活生生的動物都是有意識和自由意志，站在同一個陣線的溝通師和飼主，衷心希望寵物們每一天過得越來越好，有著這樣的信任基礎進行溝通，往往都是順利圓滿。

找尋人生命心之伴侶

愛毛寵的選擇都是最好的選擇

有個令我久久難忘的案例，我們常說聞癌色變，一隻狗狗很不幸的罹患骨癌，獸醫師給了截肢或安樂死這兩個建議。憂心的飼主害怕做了錯誤的決定，而失去愛犬，想要了解狗狗的想法，於是請我做溝通。

起初，我先向狗狗說明什麼是「安樂死」，發現大部分的動物對死亡並不害怕，在牠們的認知裡，生命的結束是很自然的事情，這隻狗狗請我轉達飼主，「主人對我的愛，我都知道，愛是不會犯錯的，只要是愛牠的選擇都是最好的選擇。」

毛寵靈性的回應在此刻展露無遺。每次在教課時，我都會告訴學生，寵物會自己挑選主人，表面上看來，似乎是我們選擇了牠，細想深思之下，是否是牠選擇了我們呢？

從事寵物溝通，讓我感受到生命的豐盈，滿溢的愛與溫暖，也更認識真實的自己，讓我時時刻刻活在愛與感動裡。今生讓我遇見了動物，讓我遇見了生命中最閃亮的那道曙光……

寵物地位與我們平起平坐

日文系畢業的我，工作上多和與日本人接觸，能夠學以致用，讓我成就感十足。有一年到日本打工渡假，回到台灣推開家門的一剎那，迎接我的不是父母，而是從國中陪伴我到大的可樂狗狗。

文・圖/郭仕菁

寵物身心靈需要被療癒

看著眼前的可樂一直往我身上跳啊跳的，牠聞著熟悉的味道，熱情歡迎我回家，瞬間讓我感受到無比溫暖與幸福，可樂總是不離不棄的逗我開心。

直到有天，可樂因為年紀大生病了，醫生說只要再晚一步，就有可能撒手人間了。我聽了差點崩潰，才意識到可樂對我而言是多麼重要。以前都是我靠向溫暖可愛的牠，讓我擁抱取暖，雖然牠試圖走進我的內心世界，但我卻一直自私的成為理所當然的索取者，從來沒想過牠到底要的是什麼？

當時正盛行寵物溝通，「可以和寵物說話」這幾個字就像閃電一般擊中了我的心，倘若真能聽懂樂樂說的狗言狗語，那將會是多麼開心的事啊。報名寵物溝通的課程，上課後才發現原來寵物和主人的想法如此地南轅北轍，如缺少溝通，或是溝通不良，或是不溝通將形成無法彌補的誤解。因而開始鑽研寵物溝通，並加入世界寵物基金會，成為一名專業的寵物溝通師。

成為寵物溝通師後，陪伴飼主與毛孩溝通問題，一步一步地去探索並協助解決，從寵物身心靈的狀態，全方位地一一討論。如果飼主有心一起來投入，我相信不只是寵物，飼主也會更加了解寵物跟自己的關係

家裡的可樂是我學習寵物溝通的起因

與情緣。

第一次與寵物溝通，是協助米克斯與他的主人。溝通前米克斯一直躁動不安坐不住，主人在旁拼命安撫。毛孩第一句話是：「麻麻，妳可不可以不要一直誤會我、罵我啊？」

當下這位媽媽聽了，留下兩行熱淚，哽咽的表示：「那是因為你一直叫，所以我不得不罵你呀！」毛孩很委屈說：「我是在幫麻麻招呼客人，不是胡鬧，妳誤會我了啦。」

　　後來透過進一步的溝通，找到飼主跟毛孩的平衡之道，更解開多年來的誤會，當下毛寵從焦躁不安，溝通完後就靜靜躺著睡著了。事後飼主說，「家裡開雜貨店，因為毛孩的不聽話，胡亂對客人吠叫，所以原本家人決定要將狗狗送走。幸好今天有溝通，知道牠並非胡亂來，原來是要幫忙招呼客人，是自己誤會牠了。」誤會解開後，飼主決定好好地守護、照顧狗狗到老。

協助狗靈魂的無形解脫

　　人有生老病死、悲歡離合，寵物也是如此。協助名叫皮皮的米克斯與飼主進行溝通，在溝通過程中，卻一直有另一隻狗狗的聲音介入，甚至是幾乎快要聽不見皮皮的聲音，這個不尋常的狀況，我連忙詢問飼主：在飼養皮皮之前，是否有養另外一隻狗狗也是米克斯？

　　主人聽到我這麼問他，驚訝地表示：「有的，但那隻狗狗已經過世很久了」。我告訴她：「那隻狗狗一直在你們家四周環繞遲遲沒有離去，妳依然掛念牠，狗狗對我說，牠一直想要有個隆重的喪禮。」

　　我話才說完，飼主邊哭邊娓娓道來，「這隻死去的狗狗名叫頑皮，當初是誤食農藥，當時放學回家看到爸爸把一個黑色的大塑膠袋往垃圾車丟棄，一問之下才曉得那裡面裝著的是死去的頑皮。」

　　當時她聽完崩潰大哭，很不諒解為何爸爸要這樣草率粗暴的處理狗狗的屍體？這件事情一直是飼主心中永遠的遺憾，沒有好好的幫狗狗埋葬。透過溝通慢慢解開飼主多年來的心結，並由我協助頑皮的靈魂進行無形的解脫，讓主人跟寵物都能安心放下，並在各自的世界安好。

　　時至今日寵物的地位，已經與我們平起平坐，甚至是跟家人般一樣的親密。我們人與人之間有著共同的語言，有時溝通不良不免產生誤解，更何況是不會說人話的毛孩呢？一種米養百種人，寵物也是如此，我們不應該全然用人類的角度去定義牠們。寵物溝通師所溝通的，不只是翻譯人寵的語言，而是如何尋找主人跟毛孩的平衡之道。就如同騎腳踏車一樣，單腳騎車一定不平穩，唯有左右腳一上一下雙腳騎才能平衡地往前行。

幫助飼主更了解寵物是我的使命

幫主人實現願望的寵物

　　寵物具有實現願望的本能，並非天方夜譚，來看看以下我所經歷的真實案例，某隻狗狗在家裡是個大王，只要遇到有人挑釁或撫摸，立刻狂吠來保護自己。透過寵物溝通追溯到牠前世是個愛狩獵的皇帝，還凌虐狩獵的動物致死。玉皇大帝為了懲罰牠，讓牠投胎轉世成為狗狗，所以今生今世若有人對牠不敬或隨意觸摸，牠總是暴跳如雷，展現出前世的帝王氣焰。

　　牠為了想要趕緊結束當動物的輪迴，但是需要一筆費用，飼主說，如果你當月能讓我月收入7萬元，我就幫你做。雖然皇帝沒有十足的把握，但還是接下這項任務，結果飼主那個月真的賺進7萬元，主人難

很愛碎碎念的法鬥犬

以置信，但牠真的運用許願的本能幫主人完成願望了！

有一對來尋求溝通的情侶，對象是一隻愛說話的法鬥。牠開口的第一句話是：老師，主人的男友實在是太笨又太傻，他都跟家人硬碰硬，往往都得不到他要的結果，而且還畏畏縮縮，要學習像我一樣非常有自信，又討喜才行！

飼主聽了覺得又好氣又好笑，溝通後願意去調整並給予毛寵想要的，法鬥看主人誠意十足，決定幫他們一把，作為溝通橋梁。幾天後，神奇的事情發生了，男朋友的父母竟會主動牽這隻狗去散步，過去男友的父母不允許他離鄉背景出去闖盪，因為男友是獨生子，受到無微不至的保護，但透過狗狗居中化解當潤滑劑，沒想到父母竟然答應讓兒子外出闖天下，真是太不可思議！

有隻年老體衰16歲的狗狗能坐就不站，能睡就不吃，整天懶洋洋的。溝通後才發現牠全身是毛病，且對世間無可眷戀，是隻負能量的狗狗。經過「寵物蒼穹」的療癒後，寶貝狗狗活力旺盛，再也不會病懨懨了，大口大口地吃狗糧，這一大轉變，讓飼主覺得非常地不可思議。

蒼穹療癒能協助寵物負能量

寵物衷心希望飼主更了解牠

另一隻寵物美容師的狗狗，飼主的學生在練習剪毛過程中，誤捽傷狗兒的前腿造成殘疾，後半輩子幾乎都要飼主照護協助。而後腳因為超過負重，讓牠全身都不舒服，在療癒的過程中，飼主發現狗狗殘廢的前腳竟能動了，療癒完也能安心入睡。

在寵物溝通的過程中發現，這隻狗狗其實是要來協助主人踏上自己的天賦之路，狗狗發現主人太善良，常常犧牲自己成就他人，牠睿智的告訴主人：21世紀是要先成就自己再造就他人。

曾幾何時，寵物的地位與我們平起平坐，飼主不再是高高在上、說一不二的主子；而寵物也不再是小跟班，或是懷中撒嬌的毛孩，二者是地位相當，是互相陪伴、相互關懷的依存關係。

寵物與我們人平起平坐

寵物互動相處跟人一樣

有些人不知道如何生活？如何與人互動相處？這些在動物身上也會發生。在我剛學習接觸寵物溝通時，溝通一隻中型犬黃土狗汪汪，他的拔拔是一位年輕男性，因病去世後，汪汪拔拔的媽媽，把狗狗當作是兒子留下來的遺物照顧。

文‧圖/黃文清

祈禱汪汪找到愛牠的新主人

來詢問的是死者的妹妹，她說狗狗有咬傷人的紀錄，是那種嚴重到噴血，需立即送醫止血縫針。因汪汪拔的媽媽年紀大了，無法照顧汪汪，光出門前要帶上牽繩時就會被咬，已2-3次因此緊急送醫治療，媽媽打算將汪汪送去收容所。

汪汪回應我的是滿滿的問號？很疑惑不解為什麼會如此？原來汪汪不知道如何過生活，不知道如何與狗、與人互動，汪汪無意咬傷任何人，這讓我感到好心疼汪汪！

我建議可帶汪汪，去找專業的動物行為訓練師教導就可改善，可惜的是妹妹和媽媽，都堅持要將汪汪送走。我很心疼、遺憾沒有幫助到汪汪，只能期盼汪汪到了收容所，有機會遇到懂你，願意耐心教導你的志工或新主人。

身為寵物溝通師為榮

不再當浪浪的猴硐貓佑佑

希望世上不再有浪浪

佑佑是生活在猴硐車站的浪浪，由我們貓友社志工照顧著，佑佑曾偷渡二次上火車，瑞芳/三貂嶺，多日後還有幸平安找回，但運氣不是天天有，次次都能遇貴人，下一次是否還可安然無恙？即使志工們把佑佑抱離月臺區，但佑佑最終還是跑回月臺，佑佑在等那個有緣人嗎？在等一個家嗎？

期限要到了，我家中已有3隻公貓，貓友不捨佑佑，提出佑佑到他家中途，一切費用他負擔，若真找不到家他會一直照顧佑佑。聽了好感動！好感謝他出手幫忙，但我擔心佑佑，不知能不能適應一再的換環境，和另一家的貓是否能和平共處？

於是108年11月14日，我請寵物溝通師和佑佑聊

聊,聽聽佑佑的想法。我第一個問題問佑佑:你想回猴硐,還是去另一個家中途呢?為何在猴硐時一直跑上火車,不知很危險嗎?

佑佑説:我當然希望能有安定住家,有主人疼愛照顧我,不要再流浪了!在猴硐的佑佑和貓不親,有點兒不會撒嬌,一到我家中途,變很黏人愛撒嬌。了解牠內心想法,我決定好好愛佑佑。

因為很擔心再一次、因為很憂心遇憾事,所以和社團管理員爭取,給一個月的時間,我中途佑佑,替他發文徵求認養。眼看一個月的期限即將到來,但佑佑的緣份使終沒出現。

佑佑説:我想要被保護、被理解,被抱抱、被關愛、我想要當個小太陽、小寶貝、我要一個溫暖的家。希望二個姨可以愛我多一點。幾年後我接觸了寵物溝通,再問已是家中一員的佑佑,另三位暖男哥哥對牠很好,佑佑變成開心幸福的公主。

從此不再流浪的鳳&蛋

蛋黃酥和姊姊鳳梨酥,是在107年約10月時,被人丟棄在猴硐,當時的蛋黃酥約2-3個月大,姊姊鳳梨酥約4-5個月大。蛋當時很膽小怕人,很依賴姊姊鳳親人愛撒嬌。

志工們利用蛋黏姊姊,成功將兩隻一起誘補,去醫院檢查,因還太小未達結紮年齡,我帶回家中途。為了讓蛋可以放鬆心情,我僅清貓砂、給飯時,才會進中途房進去前會先通知牠,一開始蛋都嚇到跳上窗戶上的小檯子。

但在我家中途約一個多月,使終未出現想認養鳳&蛋的人,牠們是我中途第一組需原放猴硐的孩子,問題是牠們沒在那生活過,猴硐的東北季風,又濕又冷的冬天。我最擔心蛋,因為牠還不親人,在原放前只訓練到會主動撒嬌但還是會怕怕,人不太能摸牠。

透過寵物溝通課程傳遞正能量

寵物溝通真的超準喔

108年11月18日晚，我請寵物溝通師問蛋，回答是：害怕我離開，被遺棄、會恐懼孤單。真的很謝謝你常常出現在這裡，有個安心的地方居住，還有很多人記得我。我心裡都是滿滿的感激，只是不知道感激的心情要如何表達？我真的真的很幸福、我真的很知足，我沒有想過我真的可以擁有一個家。

蛋的健康狀況不太好，下腹有點悶悶的，腎臟、心臟、後頸也有問題，需要看醫生。蛋說：謝謝你給我希望，希望我能有大的力量，愛媽咪更多，希望我有一個溫暖的家。謝謝媽咪願意陪我，願意給我信任，我如果怕怕兇兇了，先跟媽咪道歉，希望媽咪能給我一點空間和時間，我會好好的，因為我希望羨慕有個溫暖的家。我說：今晚好好睡，媽咪明一早去接你回家，乖寶貝。

就在溝通完後，我立即致電給社團管理員，申請收編蛋黃酥。108年11月19日是蛋收編日，一早6點我就到達猴硐，我只喊了2-3聲，蛋就開心的半跳半跑的往我方向跑來。接蛋回家後，過幾天帶牠去醫院檢查。用毯子包成小貝比樣，讓蛋可以窩暖暖，讓蛋可以放心點。

當時蛋不到2歲有皰疹病毒+口炎，難過常鼻塞所以聞不到味道、不太吃飯，讓大家誤以為牠挑食，叫聲都不見了。皰疹病毒治療好後，換積極治療口炎，但每二周打一次長效針，最後決定全口拔牙，全口拔牙有6-7成口炎貓的狀況就會好了。

以上舉三個案例說明，寵物溝通的真實情形，寵物是很需要飼主的關心寵愛，若我們不了解，也不知道寵物的特性，就會造成很大的誤會。相信每個喜歡飼養寵物的主人，都是很有愛心跟耐心的。

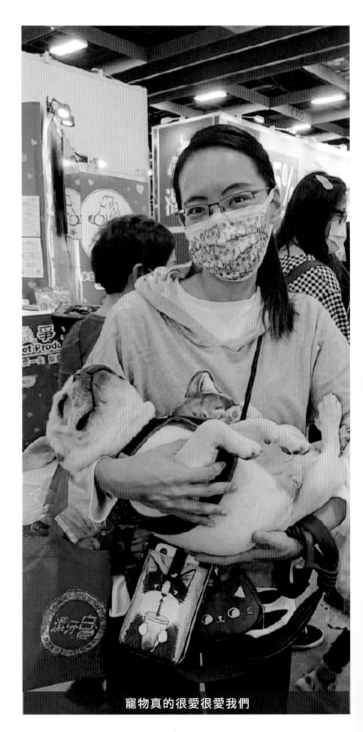

寵物真的很愛很愛我們

正能量高頻的寵物療癒

寵物芬多精療癒的原理，是透過能量磁場的轉換，去達到寵物身心靈合一，並且協助主人了解寵物的身理狀態，及心靈層面的問題。

文・圖/慧蓮

我有與一千隻寵物互動

身為寵物美容師的我，從小就非常熱愛寵物，曾經有被寵物狗咬傷了手，仍無法澆熄我對寵物的熱情。礙於家裡不方便養寵物，一直沒有真正屬於自己的寵物，所以一出社會，我就毅然決然投入寵物美容，可以盡情的享受被寵物包圍的幸福。

我從事寵物美容已經十二年了，透過與上千隻寵物互動的經驗，深深認知到寵物不只是寵物，牠們更是我們的家人、夥伴，甚至是我們重要的心靈寄託，寵物的重要性及寵物的影響力，遠比我們想像中更大。

我很幸運在世界寵物基金會學習靈性的崛起，了解因果淵源的原理之後，才知道原來要能找到真正問題的原因，才能解決問題本身的根本。一位飼主跟我聊到自己的柴犬多多，最近有一個很奇怪的行為，會像貓咪一樣躲在衣櫃裡面，怎麼叫也叫不出來，要用抱的才能把多多請出衣櫃。

經過寵物療癒的協助，才知道原來是家裡的女主人懷孕了，家裡多了一個新的靈光到來，不過不是新的寶寶靈光去嚇到多多，而是新的寶寶靈光會害怕多多，所以多多決定要把自己藏起來，不要嚇到寶寶靈光。主人很驚喜原來平常很皮的多多，是這麼體貼窩心。

寵物芬多精療育案例：Puki

芬多精療癒超級棒

我再舉以下三個案例分享，案例一：

Puki的右手肘有一個腫塊，醫生檢查都抽不到東西可以檢驗，只能抽到血水與組織液，所以醫生初步判斷是，擠壓或摩擦所造成內部組織增生的腫脹。因為無法判斷病因，所以醫生就推薦，一款保健食品來提升免疫力。

食用幾個月的保健食品，Puki腫脹好像都沒什麼明顯的變化，所以主人選擇芬多精療癒的療程來試試看。芬多精的特性是放鬆肌肉與提升免疫力，經過多次芬多精療癒，再配合保健食品調整，大約一個月後，腫塊終於變小變軟，puki的手肘不用開刀，真是太好了。

案例二：Happy是一隻飼養在戶外小屋的狗狗，身上的皮膚不是很好，特別是眼睛周圍的皮膚比較嚴重，常常會發炎，看了幾次醫生也都看不好。透過芬多精的療癒，了解Happy是因為比較少能跟主人互動，所以常常會傷心哭泣，眼周的皮膚一直不會好。經過療癒後的Happy，情緒與心靈漸漸的轉好，不哭之後皮膚相對也慢慢的恢復健康。

案例三：荳荳貓是一個心性比較高的孩子，所以生起氣來也是不容易。某次過年主人全家出遠門，讓寵物貓寄住在寵物旅社。過完年接回家後荳荳開始不吃不喝，讓主人憂心如焚，一直懷疑是不是在寵物旅社被嚇壞了。

透過芬多精療癒之後，終於讓荳荳消消氣了，原來是在氣主人沒交代清楚，把荳荳放在寵物旅館就出遠門，跟主人商量了解狀況後，荳荳比較容易聽進主人道歉的誠意，開始慢慢的正常飲食，能夠圓滿真是太好了。

寵物是上天派來的小天使

寵物療癒能量，不止可以近身接受電波，也可以透過網路視訊的方式，遠端將能量傳達到手機的另一邊，讓對方接收到能量。分享一個線上的經驗，有一位線上的客人，發現自己的狗狗情緒很低弱，常常悶悶不樂的，不知道要怎麼讓狗狗心情變好？

於是透過網路寵物療癒分享社團找到了我，在進行療癒的過程中，發現狗狗會一直悶悶不樂，是因為在擔心主人跟心疼主人，狗狗覺得主人對自己太嚴苛了。主人驚訝的說自己最近狀態的確不太好，願意為了心愛的寵物，去挑整改善自己的狀態。

寵物療癒很厲害的地方是，不光只是調整寵物本身的狀態，其實寵物很多起起落落的狀態，都是跟著主人走。在這個高壓環境下，大家身心靈都備受考驗與考關，很多人都會選擇養寵物來療癒自己的心身靈，而且效果非常好。但寵物之所以有緣分來到我們的身

寵物芬多精療育專家：慧蓮老師

每隻寵物都是上天派來的小天使

邊，其實是上天派來的小天使，可以分擔我們的承擔與負擔，並且在寵物的身上找到被療癒的感覺。

我們的負能量可以透過寵物來消化，所以養寵物是可以讓自己被療癒的，但是寵物的承擔與負擔，誰可以來幫忙消化呢？寵物也有自己的壓力與煩惱，再加上承擔主人的部分，所以其實寵物很辛苦，是非常需要療癒與舒壓，而且寵物療癒不單單只是讓寵物本身狀態變好，主人以因此間接的讓寵物協助自己更多，讓彼此的能量磁場更加的高頻與順暢。

寵物的身心靈狀態，很需要被重視，若寵物狀態不好，主人的狀態也會跟著一起不好，寵物療癒將會是未來很重要的一部分，跟主人本身的狀態是密不可分。寵物是家人，也是自己的一部分，重視寵物的身心靈，就是重視自己的身心靈，歡迎大家一起為寵物療癒一波。

看見廣闊的靈性視野

眾所皆知寵物是有靈性的，我們可以跟不會說人話的寵物溝通嗎？答案是：可以的。

文・圖/藍鷹

寵物易經打開我靈性視野

在尚未到機構受訓前，我是打從心底不相信寵物溝通，卻因為不相信，抱著踢館而參加課程，然而在從事寵物溝通短短的三年內，親身經歷、眼見為憑，讓我真正地相信了。這些寶貴經驗是書本上學不到的，跟著「寵物易經」帶領，實地操作，讓我看見更遼闊的靈性視野。

為了更精進，我全心投入以飛速前進，接觸寵物溝通的第一年即開班授課，第二年開始寫書，第三年出版書籍，我要將這份愛散播到每個角落。目前即將邁入第四年，計劃開分院，完成當初我的離世愛犬小粉的心願，牠所希望我完成的任務。

回想起多年前，在火化前一晚小粉靈魂回來了，

我問牠：「我可以為你做些什麼」？小粉只給我兩個字：「善事」。

小粉的離世，讓我踏出舒適圈，勇敢地到外面世界冒險，這一路如西遊記般三藏取經一樣，我遇見許多身心靈的老師，與他們思想碰撞激盪，也成為我「取經」的途徑之一。我遇見恩師先天易經葉耀文大師，他帶領我去見楊慧珺先知總裁，並依照我的天賦潛能，為我定位寵物溝通師及療癒師，奠定在身心靈的歸屬感。

在溝通每一個當下都是新發現，讓每個平凡的心情故事，能擁有不凡的改變契機。讓溝通師藉由與寵物對話，跳脫出既有的世俗框架，引領大家看見不同層面的視野。

臨終溝通，和毛寵心連結

某天接到緊急訊息：被醫生宣判隨時會走的Toby，現已進入安寧狀態。當我連結到Toby，卻感受到牠強韌的求生意志，散發出期待搶救的訊號。

Toby虛弱地表示，想回家看看媽媽的baby，有沒有長大？要幫阿嬤照顧小孫孫。牠不在家，阿嬤會很無聊耶，會想念牠。還堅決表示願意投胎再回來，若當牠再回來時，讓媽媽的小孩照顧牠，看著牠長大，

動物溝通師：傳達靈魂深處的愛，你好不好：新書發表會

同時看到小主人長大成人。

Toby道出媽媽擔心的事，媽媽感到疑惑，Toby怎麼會知道她懷孕的事？這就是寵物的超能力，就像我們寵物溝通師，為何可以透過一張照片，就能跟寵物溝通，唯有透過靜心才能尋找到和毛寵的超連結。

媽媽請我做寵物療癒能量調整，Toby的求生毅力令人敬佩，接收過程順利完美，能量補足牠的精氣神，同時加速身體循環，效果讓人意外的驚訝，Toby的精神跟食慾大躍進。從寵物易經發現Toby是祖先脈系，來投胎成寵物守護爸爸。

自從Toby來到家裡，家中生活越來越和諧順利，爸爸對牠有莫名的喜歡與熟悉感。阿嬤自己也養一隻狗，但她卻特別喜歡Toby。

回顧Toby的這一生，果然是有些脈絡可循，不是空穴來風。Toby憑藉著堅強的毅力多撐了七天，才靜靜地閉上眼睛，悄悄的離開了，牠最後的遺言是：我會趁大家不注意時，悄悄的走，不希望看你們哭的太傷悲。

真是個貼心又善良的毛孩，在世時帶給家庭和樂，離開時也不願家人哀傷。

離世溝通，無法割捨的牽掛

歐爸不知是生是死？你還活著嗎？你現在好不好？這是飼主這兩年來無法割捨的牽掛，並沒有隨著時間的流逝而淡忘了歐爸。我輕聲問毛孩：「你現在是生？是死？」歐爸回我：「我一直都在啊！我還沒走啊！」難道歐爸還活著？於是我靜心一探真相，易經探查「靈魂紀錄」，歐爸早已離開人世間了，但是牠的靈魂卻還在住家附近徘徊環繞，一直都沒有離開。

飼主著急問，歐爸，為什麼還沒去投胎？神情慌張的歐爸表示自己不知道何去何從，不知道怎麼辦？飼主緊張地望向我問，「我們到底要怎麼幫牠？」溝通的結果竟然與飼主曾經請示過神明開示不謀而合。飼主回想在歐巴失蹤後，曾去媽祖廟求問歐巴是否平安？當時神明指示：歐巴還在附近，但沒有活著。聽到這裡，是否一頭霧水？說在家裡附近，但又沒有活

39

著，這到底是怎麼一回事？那是肉體不在了，但靈魂不滅。

就如我當初說的，歐爸已離世了，但靈魂卻在家裡附近徘徊，還沒有離去。飼主恍然大悟，事實原來是如此。歐巴不斷表示，牠一直都在，但等這天也等很久了，大家終於發現牠的存在了。

最終的結局是，神差帶走歐爸。我為了證實，同時請了大師再幫我確認歐爸現在的狀態是：超渡後，走了。我當下聽了，真的覺得不可思議。

失去了心愛的毛寵，飼主的人生徹底變得不一樣，我們的任務與使命，就是讓人寵回歸各自的生命軌道上。

寵物易經能了解每隻寵物想法

離世溝通，靈魂不滅

一對情侶到現場溝通，他們的愛寵Kiki立即顯靈，當我一連接到牠時，瞬間從腳底麻到頭頂。為了讓爸媽相信，我對他們倆說，「Kiki來到現場了，你們有感覺嗎？」情侶中的男性竟然與我同步有「體感反應」。

靈性的世界無遠弗屆，甚至是飄渺虛幻，不可捉摸，無法去驗證許多事情，似乎會常常處於某種離線的狀態。所以我永遠在追求一件事情叫做：驗證。沒有驗證我不會完全相信，幸運的是我的靈魂，總是會帶我去看見驗證，這次寵物溝通也是如此。

離世毛小孩的靈魂到場溝通，其實也不是第一次了，只是這次剛好飼主爸爸也感覺到。頻率極高的Kiki在靈界已經是神的使者，雖然肉體已經離開，但是牠常會回來，並不是因為眷戀，而是要去完成三者使命，在這過程中牠都會給予協助。

當講到「三者使命」關鍵字時，我頭皮又一陣發麻。飼主爸爸在靈性世界還是個麻瓜，也沒有敏感體質，卻又再度與我同步發麻。最後kiki表示，「我還在啊，只是你們看不見我，但我精神與你們同在，我會常常出現在你們身邊啊！」這是kiki平時說話的口氣，爸爸聽了展開笑容，媽媽也笑了。爸媽竟然能感受到kiki環繞在他們周圍，我心想：這也太顯靈了吧！甚至今天做寵物溝通還蒞臨現場，實在太強大了。Kiki還對媽媽表示：雖然自己的肉體已經消失了，現在以一股更高靈魂存在，希望媽媽能和牠精神層次接軌，才有辦法完成三者的使命。

無所不在的精神意寓深遠，不再是侷限肉體，而是一種精神的結合。Kiki為了提振媽媽的自信，送了媽媽一句話：妳要相信妳「無所不能」，而我「無所不在」等候妳精神與我接軌。這接軌前提是：媽媽必須提升自我的精神層次，也就是所謂的「智慧」。

在看見廣闊的靈性視野之前，唯有先敲開固執的枷鎖，放下過往的牽掛，拋開成見疑惑，方能空出心靈空間，從最底層向上攀爬遠望的高度與視野，才更見寬廣遼闊……

汰菌 空氣淨化液
CHANGE THE QUALITY OF LIFE

 安全無毒
 抑制細菌
 淨化空氣

異味大淨化 還你新鮮環境空氣

臭味分解
99.9% 抗菌

隨身噴霧瓶
250ml

淨化濃縮液
500ml
（需稀釋使用）

汰菌® 空氣淨化濃縮液
CHANGE THE QUALITY OF LIFE
異味大淨化 還你新鮮環境空氣
安全無毒　抑制細菌　淨化空氣
臭味分解99.9%抗菌
1. 植物天然抑菌成分，感受生活好品質，異味淨化無副作用
2. 異味Out！隨身擁有新空氣，有害氣體消除率高達 92.6%
3. 抑菌率99.9%，安心環境一手噴，讓家中寶貝擁有好生活

汰菌含單寧酸、皂角苷、天然植物多酚

1. 植物天然抑菌成分，感受生活好品質，異味淨化無副作用
2. 異味Out！隨身擁有新空氣，有害氣體消除率高達 92.6%
3. 抑菌率 99.9%，安心環境一手噴，讓家中寶貝擁有好生活

汰菌資訊&購買連結

Baby & Pet Friendly

寵物身沁靈回歸大自然

身為隕石寵物療癒師的我，也是寵物療癒身沁靈講師，專長是寵物溝通師、寵物療癒。

文·圖/王隕誌

小時候跟著母親，餵養流浪動物飼養超過7隻狗，20幾隻貓，可謂是小型的動物園。「寵物是家人」在我幼年時期，早已根深蒂固植入我的腦海。因為寵物也有身沁靈，寵物不再只是寵物，牠們真的會說話，有著高超的智慧。寵物可以協助主人許多事，牠們命運當然會有吉凶禍福、盛衰起落。跟人類一樣牠們的命運，是有機會是可以改變的更好！

因緣際會我在赫赫星際隕石村，成為隕石寵物療癒師，藉由大自然隕石的能量磁場，來轉換修護寵物身沁靈，更能針對寵物的疑難雜症，甚至罕見疾病有專屬的療癒方式。使寵物身、沁、靈得以回歸大自然，啟動自我修護力、青春湧泉再生力。不只是寵物的福

寵物是每個家庭的家人

音，更是主人的希望，並且讓自己的人生更添一份成就色彩，如同隕石般的無價之寶！

舉二例佐證：名叫麻糬的狗剛開始做療癒時，很聒噪一直汪汪叫！療癒後很放鬆、很舒服的閉目養神，直到回家後都很開心。第二例Rich狗，做完寵物療癒能得知牠身體狀況哪邊比較弱，需要加強補充。藉由療癒得知毛孩想對主人說的話，最讓主人感動！

隕石寵物療癒

寵物蒼穹療癒效果驚人

我是寵物美容師、寵物療癒師。不只人需要療癒，寵物比人更需要療癒。

文·圖/李星儀

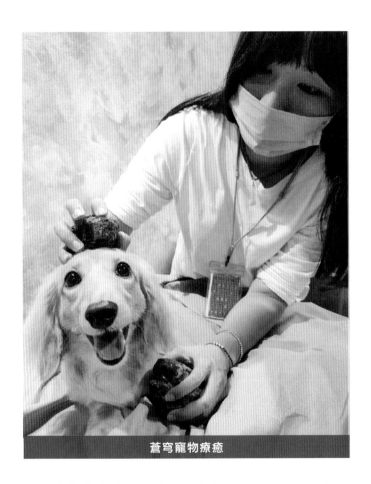

蒼穹寵物療癒

寵物蒼穹療癒，協助主人與毛孩，了解彼此並療癒牠們的身體與情緒，若將蒼穹療癒視為輔助與醫學治療並行，將會發揮驚人的互助效果。蒼穹療癒是接收外太空宇宙，利用大自然形成的琥珀石，做能量轉換來找到根源、療癒根源、舒緩根源、對症下藥。

案例分享一：布丁是我的第一隻熱情又長腿的毛孩子，從小有淚腺問題，每天都掛著很深的兩條咖啡色淚腺，試過換飼料、吃保健品、按摩，這些都沒有效。看醫生說可能是睫毛倒插導致淚腺，後來動了電燒睫毛手術結果沒效，還讓眼睛周圍都像長斑一樣一塊一塊黑黑的，最後又做了通比淚管手術，才發現鼻淚管先天不良狹窄阻塞，要多次的去疏通鼻淚管，畢竟寵物沒有健保，疏通一次鼻淚管加拿藥就要幾千元。後來每天10分鐘的蒼穹療癒與按摩，經過一個月多的時間，把布丁的淚腺給疏通了。

寵物療癒過程非常舒適

案例分享二：名叫貝拉的貓看很多動物醫院，都檢查不出為什麼會血尿的原因，療癒後發現貝拉是先天膀胱不好，加上不愛喝水長時間處於發炎狀態。主人有給保健品，但因為水分不夠，保健品無法吸收也無法代謝。透過療癒加強了膀胱壁保護與增加喝水量，做完療癒後貝拉說能量很舒服，還要我轉告馬麻，貝拉很愛她！謝謝找了療癒師幫牠療癒，過了三天詢問貝拉馬麻，貝拉有沒好點？馬麻說喝水量有變比較多了，血尿顏色也比較淡了，一直謝謝我幫貝拉療癒。

跟靈魂成為最佳合作夥伴

人們喜歡飼養寵物，飼主總想知道寵物在想什麼？有什麼需求？寵物想跟主人表達的愛，該如何讓主人知道？

文·圖/沈怡珺

　　我在機構領先天塔羅旨令後，與客戶諮詢互動的過程中發現，人寵之間很多的愛，沒有以正確的方式傳達出來，甚至給出的愛被誤會成枷鎖、負擔。

　　滿滿的感恩，滿滿的愛，帥氣暖男阿嗚，是媽媽在line群組上領養的狗狗。從一開始常會離開工作的地方，出去逛逛玩耍。讓5個大人開2台車，再加上摩托車找遍大街小巷，真是人仰馬翻！所幸現在能讓主人，以牽繩牽著散步，阿嗚快速進步改變，讓媽媽暖心感動，並感謝世界寵物基金會及台灣軟實力的護持。

願每隻寵物都有幸福的一生

　　第二個案例是：我很醜可是我很活潑，療癒賣萌系擔當—Ken醬，巴戈犬給人的印象，是很可愛萌萌的，但不愛運動。這隻奇蹟巴戈，會跟著爸媽一起上山下海。Ken醬是從高雄來台北，飼主帶回來時，並沒有期待Ken醬能陪他們上山下海。頂多帶狗狗出門散步，假日熱愛出門走走逛逛的爸媽，去哪裡都帶著Ken醬；甚至遠到台東看熱氣球，牠也不缺席。

　　牠讓全家人感情變更好，幸福的狗生。Ken醬深得阿公的喜愛，幾乎每天準時打電話問Ken醬的事情。讓爸爸覺得瞬間失寵！因為有牠讓很久沒聯絡的父子倆，有了共同話題，既療癒更開心。

寵物向主人表達愛

健康快樂的寵物刀療

寵物跟人很多地方都相似，也是需要刀療放鬆跟療癒。

文‧圖/莊然慧

寵物刀療

我在身心靈領域服務的過程中，看見許多主人與寵物的感情深厚，主人們常因為毛孩的身體不適，或長期的病痛而奔波疲累，讓人很不捨！看著主人既疲累又心疼，這樣的情況，有孩子的人都能感同身受。都希望自己的寵物能夠健康，壽命延長陪伴更久。

因此許多主人捨得花錢，從事寵物刀療，讓寵物的身心更健康。在刀療的過程中，能感受到寵物現在的狀況，與主人的連接度。能讓寵物的身體得到舒緩，心情更穩定，期望能幫助到更多有寵物的家庭，幸福和樂。

寵物是靈光來投胎的，會跟飼主相遇一定有因果淵源所在。會影響人與寵物相處，包括寵物身心靈的健康狀況。我在從事寵物刀療過程中，記憶深刻的是有一隻年紀不大的流浪狗，行動不順平常走路都會一跛一跛的。透過介紹，主人帶著狗來請我幫牠做刀療，經過一次次的刀療，牠的後腿有所改善，行動順暢許多，狗狗的精神跟笑容變燦爛。主人笑著告訴我，他萬萬沒想到，刀療這麼有效！

在刀療的過程中，我會感受到寵物身體的狀況，哪裡不舒服、水份夠不夠、肌肉是否酸痛？提早調整寵物的身心狀況，刀療會讓寵物身體的氣脈、經絡、循環都更加順暢，身心自然健康。

寵物靈光投胎與主人相處

主人與寵物間的課題

在從事寵物溝通師前，我的經歷是財務長、易經師、刀療師、寵物溝通師、自營貿易商。

文·圖/陳思妤

在每次寵物諮詢過程中，我明白現代人寵的問題及需求，不斷精進資源，幫助更多需要的人寵。寵物與主人間，除了互相陪伴之外，還有許多特別有趣、感人的故事點滴，以下是寵物溝通案例。

案例一：小寶貝是家裡第一隻貓，今年11歲，是一隻管家公。個性十分外向、很有自我獨特霸氣風格的貓。小公主是家中第二隻貓，極度害羞又怕生的小女生，完全標準的小媳婦、貓界阿信。在寵物溝通的過程中，小公主以害羞的眼神控訴主人很偏心，原來主人對小公主的狀態，如同自己無法面對的自己，因為家人重男輕女的觀念。所以人與寵物之間，就像是還原自己一樣，如此的微妙。

寵物溝通使人寵惺惺相惜相愛

案例二：我是鸚鵡乖乖，乖乖是俏皮的小鸚鵡，主人家陸續養六、七隻鸚鵡，乖乖年紀才五個月大，身體裡卻乘載著老靈魂。在諮詢的過程中，牠說喜歡站在主人肩膀上去戶外散步、每天想聽主人說書、想要維持環境的整潔，甚至會心疼主人的開銷說：我願意吃少一點，讓主人可以過得更好。女主人聽後感動大哭！ 人寵惺惺相惜相愛，真情流露感人肺腑！

財務長轉型寵物溝通師

寵物喜怒形於色

學習寵物溝通的動機是，我想知道為什麼，需要有寵物陪伴以及寵物想跟我表達什麼？

文·圖/陳琄涵

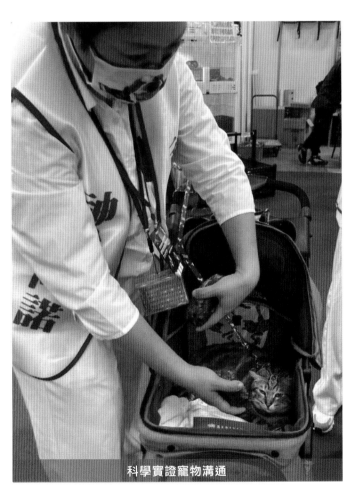

科學實證寵物溝通

從小到大我都非常害怕接觸寵物，在外商科技公司擔任工程師，所以任何事物都講求實證與科學，所以學習寵物溝通的動機是，我想知道為什麼，需要有寵物陪伴以及寵物想跟我表達什麼？

寵物的思想其實很單純，喜歡就喜歡、不爽就不爽，不想回答就不答。有陣子我常被家裡的貓咪罵是

「騙人精」，透過寵物溝通知道我忘了，曾經答應要買某個廠牌的罐罐給牠吃。

很喜歡這句話「所有的相遇，都不是偶然」，我們只需將自己的心打開一些，讓自己更開闊去接受更多未知的事物，去承認我們不懂的事情，並與其它物種都共享這個星際星球。更要謝謝寵物走進我的生命中，愛必須是無條件的。老天就是拿你最不相信、最不擅長的事情考驗著你，並把實證與驗證一一顯化讓你明白。

我印象最深的是，某位客人一坐下來就問：我的狗狗愛我嗎？寵物當下的回應是：當然愛啊！希望主人好好照顧自己的身體健康。她當下眼眶泛紅，原來因身體出狀況，無法與狗狗同住，暫時交給親戚照顧。如果沒有透過寵物溝通，根本不知道飼主與毛孩都是如此愛著對方。幫助飼主與毛孩可以更快樂的生活，明白寵物希望主人健康快樂，對我們的愛是無私的。我們能夠做的，就是回報寵物這份善意，讓自己健康快樂，也讓寵物開心快樂。

寵物心思其實很單純

流浪貓走向網紅貓

專攻輔導大學畢業後的社會新鮮人，就業、創業、網路創作者等，都是我專長的領域。

文‧圖/黃映寧

　　我是輔導過超過5000人的諮詢顧問。這些年寵物市場悄悄崛起，我因此進修學習、橫跨寵物產業，結合大自然的療癒力量，並且引導許多人走向寵物趨勢產業。

　　大多數人對於寵物溝通的認知，只停留在好奇寵物在想什麼？或是寵物們愛不愛自己？最愛家中的誰？然而將近四年的寵物溝通經驗、諮詢過上百隻的孩子們後，我發現以上問題固然重要，但寵物的身心靈和人一樣需要均衡、完成任務，因此我常常建議飼主們去理解：人與寵物的第一道課題，必須解碼雙方的緣分故事！家長們才能明白，這輩子為什麼彼此相遇？愛，要怎麼表達？

人寵課程：解碼緣分故事

超過5000人諮商顧問橫跨寵物溝通師

　　寵物溝通案例：流浪貓走向網紅貓 Instagram：roybro_chess

　　為了降低領養後的退養問題，身為寵物溝通師給自己立下一個公益目標，要協助張貼領養資訊與領養後的公益諮詢，而2021年9月時，一位黑白襪的貓咪，竟然一夕之間成了網紅貓咪！跟著主人坐擁35萬粉絲，過著衣食無缺的快樂日子。

　　時光回溯到2017年，當年還是學生的我遇見了改變我人生的一隻貓咪花花，後來走失了！心急如焚的我一直找不到花花，後來透過易經找到花花靈魂，牠說：「我愛妳，但請妳放下我。」

希塔的價值在幫助人寵

世上最不擅於說謊的就是我們的身體，即使我們的心還不肯滿足，一直要個不停，但是身體會說話，會表現出它當下的狀態，因此覺察身體最真實的狀態，是人寵當前的課題。

文·圖/子筠

身體的記憶　是愛的記憶

有著一雙明亮眼睛的小黑狗狗露出無辜眼神，深情望向一個月只有7-8天能陪伴小黑的飼主媽媽。飼主無時無刻不牽掛著：小黑會不會孤單？牠身體健康嗎？

透過希塔波的腦波狀態，在諮詢過程中，小黑要溝通師告訴媽媽，「我不會孤單呀！很想您，最喜歡在草地散步，您會停下來摸摸我的頭。」媽媽聽了認同地表示，對！小黑超愛我撫摸牠。牠說喜歡泡水的肉湯食物。飼主很開心的說：「雖然沒有天天住在一起，但互相想念惦記著彼此，感到幸福滿滿。」

身體的記憶，是愛的記憶，縱使不常見面，心中住著彼此。

聆聽愛的言語　毛孩最是珍貴

喜歡東跳跳西逛逛的斑斑喵咪，外表黑的發亮，眼睛晶瑩剔透，是個吃飯很秀氣的小美女，但吃飯完後總是喜歡到處亂衝亂撞。飼主請溝通師轉達：要好好吃飯，吃完休息一下再玩，這樣才不會吐哦！斑斑表示：最愛魚口味的罐罐。看牠吃的津津有味，真的好療癒。斑斑說：「知道媽媽很愛我，每次摸我一直跟我說很多愛我的話，我也很愛媽媽。」撫摸的觸感和愛的語言，讓毛孩感受牠是珍貴的。

希塔寵物溝通 聆聽寵物愛的言語

離世前溝通　協助人寵成就心願

親愛的寶貝柳叮，我以為你會陪我很久很久……可是你生病了，醫生說你病得太嚴重了，只希望你不要太痛苦。

這是醫生宣判，生命只剩七天的肺癌毛孩，明顯感受到牠很難受，而且痛不欲生。飼主囑咐柳叮，如果真的很不舒服，就別撐了！柳叮聽媽媽的話，隔天安詳離世了。柳叮最後的心願是：帶著自己的小被被，火化後骨灰埋在家裡後院的泥土裡，就可以一直陪伴著最愛的家人。

這是經由希塔波引導出離世前的毛孩最後的遺言，離世前溝通，協助人寵成就彼此的心願，這就是希塔價值。

寵物的焦慮與憂鬱症

近年來，寵物已經成為許多家庭不可或缺的成員，甚至許多人已將寵物直接視為家人，以毛兒子、毛女兒照顧與相處，牠們可以帶給人們許多快樂與陪伴，而飼主們也會盡心盡力地照顧牠們，但是許多飼主可能沒有想到，實際上寵物牠們有著自己的情緒世界，就像人類一樣。當寵物感到失落、無助、不安、害怕、焦慮等情緒時，就可能出現憂鬱或焦慮的情況。

文・圖/ Lucas

寵物與人一樣都有憂鬱症與焦慮症

實際上寵物牠們有著自己的情緒世界，就像人類一樣。當寵物感到失落、無助、不安、害怕、焦慮等情緒時，就可能出現憂鬱或焦慮的情況，飼主們應該透過寵物的觀察、行為、舉止，更敏銳的了解寵物是否有心理需求，避免寵物產生更深的心理傷害。

首先，讓我們了解寵物憂鬱與焦慮的原因。寵物的壓力主要來自以下三個方面：環境、飼主及身體健康。此外，心理學則提醒我們，寵物的情感狀態與牠們的思維、認知、記憶和學習等都有關聯。例如，當主人長時間忽視寵物，或是經常斥責、打罵牠們時，寵物的情感狀態就可能變差，出現憂鬱或焦慮等負面情緒。

寵物行為學告訴我們，寵物的行為和情感也會受到環境的影響。例如，當寵物長時間被關在籠子中或者獨自一人時，就會產生負面情緒，例如憂鬱、焦慮、孤獨等。總體而言，寵物的情緒狀態是由多個因素綜合影響的，包括牠們的基因、環境、主人的照顧和訓練等。

我們將介紹寵物憂鬱與焦慮的症狀。對於憂鬱的症狀，寵物會失去對於平日熱愛的活動興趣、拒絕飲食、體重下降、睡眠不穩、容易躲起來、對於主人缺乏回應等。而對於焦慮的症狀，寵物會有心臟跳動加速、呼吸急促、身體僵硬、不斷的叫聲或是舔咬、手足發抖、容易攻擊他人等。

最後，對於寵物主人來說，重要的是要了解牠們的行為和情感，給予適當的照顧和關愛，對於飼主而言，您的生活多采多姿，可能有家庭、可能有交際、可能有工作……等，但對於寵物而言，牠的世界只有你。所以在現代社會環境，寵物毅然成為現今社會無可取代的家庭成員，身為飼主更應重視寵物的心理狀態，更應深入瞭解寵物的內心世界，而目前社會因此需求創新了一種新興的職業－「寵物溝通師」，透過寵物溝通翻譯官讓飼主更瞭解寵物的想法，讓寵物與飼主能夠有一個健康快樂的生活。

寵物的負面情緒 會造成牠們身心症狀 甚至減少壽命

百年福壽 創新輝煌
台灣第一家寵物食品廠

從沙鹿鎮一個油車間開始，以煉製花生油、胡麻油、菜籽油起家。台灣第一部木製榨油機及第一家花生脫殼工廠，就是起源於福壽實業。

採訪/王鼎琪 文/吳錦珠

福壽締造許多台灣第一

福壽洪家用木製榨油機加工花生油、芝麻油開啟了百年事業版圖

「福壽實業創立於1920年，至今傳承已三代，邁入創業104年。以創新事業、永續經營的態度持續拓展事業，奠定下一個百年基業。」董事長洪堯昆為第三代掌門人，擁有日本駒澤大學經營學系、淡江大學國際亞研所商學碩士學位的他，娓娓道來1920年祖父輩，在沙鹿鎮居仁里創設木製榨油機廠，加工花生油、芝麻油，開啟福壽實業發展的第一頁。

由於生產的油品質好，銷售增加，福壽實業在1948年增設螺旋式榨油機，製造大豆餅、大豆油；1951年增設油壓式榨油機，進入機械化製造，慢慢拉開與其他製油業者的距離，朝專業化、大型化、企業化發展。

福壽實業早在1958年，就創設全省民營第一家溶劑提油廠，並被指定為美援黃豆溶劑提油工廠，製造大豆粉、一級大豆油；1961年增建沙拉油精煉廠，當時是全國首創，生產的油命名為生菜油，這些都是福壽實業寫下的台灣第一。

洪堯昆強調：福壽實業發跡45年後，開始將製油後剩下來的豆粉、豆粕拿來製成家禽家畜飼料，並以「福壽牌」為商標，生產家畜、家禽配合飼料，這也開啟福壽實業以自有品牌搶進國內飼料業的開端。1971年與日本協同飼料株式會社合作，配方技術更上一層樓，飼料的換肉率有效提升，「福壽牌」更成為台灣畜產業的「精品」。

成為MIT台灣之光

「我在小學時代，就飼養狐狸狗，在日本留學時也有養寵物。對於喜歡飼養寵物的主人們，建議一定要好好愛牠。當家畜、家禽類飼料，為福壽實業開創新道路後，我認為寵物食品有商機，花費兩年時間到國外考察。在1984年與日本協同株式會社簽約合作，讓福壽實業成為台灣第一家寵物食品廠。」洪堯昆強調，「福壽寵物食品專業廠」，是全台最大的寵物食品供應商，在台擁有30多年寵物食品研發經驗，本土廠商唯一有能力開發「處方糧」之專業寵物食品

今年是福壽企業經營滿104年，歷經日治、國民政府統治至今，不斷與時俱進國際化

大廠，針對台灣本土之溼熱氣候、台灣犬貓體質開發出適合台灣狗狗、貓咪營養、均衡、健康的飲食。

福壽實業寵物食品專業廠擁有全獨立生產線，且全廠通過HACCP、ISO22000國際食品安全雙驗證，為人食等級的安全寵糧。符合美國食品協會建議營養配方。從原料入廠就開始監控、全程管理直到倉儲運送、專業溫控、生物危害控制、自動包裝嚴格控管下，讓 MIT國產寵物食品，有不輸國外寵食的專業及自信。

洪堯昆表示：福壽寵物食品，期許成為MIT台灣之光！福壽擁有完整的「品牌寵食」產品線，滿足不同消費需求，從處方糧品牌《首護》、機能保健品牌《艾思柏》、到全方位寵物食品《博士巧思》、健康紀元、葛莉思等品牌犬貓食品。開發各種動物專業配方，包括：天竺鼠、大象、河馬、鳥類、牛、羊等動物，全都是「新鮮、在地、專業」的優良寵物食品。

榮獲世界級認證表揚

「我在2005年接下福壽董事長，持續為福壽實業注入活水，開創更多事業的可能性，經營項目更擴增了生技肥料、水產加工及轉投資的雞肉電宰廠洽富實業等。並將位於南投中寮的福壽生態農場內之禽畜：牧草雞、牧草豬、牧草雞蛋等產品上市，完成食安一條龍的最後一哩路。」洪堯昆說：多年來福壽實業秉持穩健、務實的經營宗旨，「勤儉信實、永續經營」的經營理念。因此安全走過食安風暴，未來將繼續秉持著福壽實業的核心理念：「提供全民健康安全的食糧」，再創下一個百年。

「福壽實業深耕台灣百年，以綠色企業永續土地為目標，透過長期對農漁民的照顧，來建全食品產銷鏈，建立共好糧農正能量的循環經濟。不斷擴大事業體，更落實資源循環利用價值，宣導與溝通永續農業循環經濟觀念。」洪堯昆強調，福壽實業會堅持遵循

糧農循環理念,秉持對台灣土地的關懷,持續邁向「綠色企業」的願景。

福壽實業2018年通過SGS BS8001:2017 循環經濟標準驗證,並獲得最高等級「最佳化商業模式」,為台灣首家通過循環經濟標準驗證的食品業者。陸續獲頒各大永續發展獎項,是美商鄧白氏ESG評比為優的食品業廠商,並授權使用「鄧白氏ESG永續標章」。2019年榮獲「APEA亞太企業精神獎」、2022年榮獲行政院「國家永續發展獎」、2023年榮獲「亞洲企業社會責任獎－循環經濟領導獎」,再次獲得世界級認證表揚。

福壽實業創業100週年慶酒會,總統賴清德(左)出席祝賀,感謝洪堯昆董事長對台灣經濟的貢獻

福壽實業FOOD SO GOOD

洪堯昆指出福壽實業強調:「忠誠、勤儉、求新、求行、負責、團結、敬業、樂群」的廠訓。勉勵全體同仁,以實事求是精神,在飼料、油脂、寵物食品、肥料生物科技等領域,匯聚眾力資源創造精良產品,共同為提升競爭力努力,朝國際化企業發展目標邁進。

自創業以來,即秉持「勤儉信實」的經營理念,

堅守「品質、創新、服務」的工作信念,受到廣大客戶的支持與肯定,成就全球的福壽實業集團。未來更將肩負承先啟後,再創佳績的使命,永續經營事業。在21世紀的知識經濟時代下,福壽在產品、行銷、管理都要加入創新,才能在快速變化的市場環境中屹立不搖,讓「創新的福壽、健康的每一天」,和全體消費大眾共創雙贏的局面。

百年福壽在飼料、油脂、寵物食品等領域持續精進,近年更將觸角延伸導入AI人工智

喜愛寵物慈悲為懷的洪堯昆說：福壽的發展，就是一部台灣農糧發展史

　　勇往直前與時俱進的洪堯昆說：福壽持續推出「轉型智慧製造」、「培育跨界人才」、「落實綠色企業」三大企業經營策略，在資策會、工研院協助下，已完成AI智慧營運管理平台、智慧工廠運作的建置，將持續加強資安、廠安、運輸的AI技術、培育跨界AI種子人才，朝「智慧化、自動化」的目標邁進。在落實成為綠色企業願景方面，擴大建構完整的糧農循環經濟模式，導入ISO50001能源管理系統、ISO 14064-1溫室氣體盤查、22項產品取得ISO 14067產品碳足跡標籤，及購置高效率設備、建置太陽能發電設備、執行各項節能方案，持續進行減廢、減碳，重視環境永續、社會共榮及公司治理，朝向公司永續經營邁進。

　　「百年來福壽始終重視消費者的需求、守護產品食安、創新研發新品、營造友善環境、力行公益作為經營重點。展望未來，福壽將積極加速產業垂直整合、擴大糧農循環經濟體系，以堅實的競爭力、多元的產業優勢，締造卓越的業績，立足台灣邁向國際，打造下一個百年光輝。」洪堯昆強調：福壽使命提供全民健康安全的食糧，對於食糧、飼糧、農業資材、寵物等四個事業群的上、中、下游產業，提供健康安全的商品(食糧)與服務。企業展望放眼未來，將朝著「多元化、國際化、邁向新世紀」的目標努力不懈、昂首向前。不論現在或未來，都可以自豪的說：福壽實業FOOD SO GOOD！

要做就做世界第一
慈雲寶塔黃朝揚善待寵物廣植福田

「狗是唯一愛你，勝過你自己的生物。」—德國作家溫魯

「狗兒引領我們進入一個更慈愛，更溫柔的世界。」—美國作家哈妮

「不論財產有多少，擁有一條狗，你就更富有。」—法國微生物學家路易士·沙賓

採訪/ 王鼎琪、吳錦珠 文/ 吳錦珠 攝影/Lucas

擎天巨樹高高聳立，山高林密大風吹過，綠葉隨風搖曳，把樹梢頭上藍天的白雲趕來趕去。10多隻黑、白、黃、灰的狗，敏銳靈巧、搖頭擺尾、活潑可愛、迎風飛奔跑來跑去！

超級幸福的慈雲毛孩們

慈雲寶塔為國內首座，納骨塔與
休閒設施相結合的現代化宮殿寶塔

這些雄壯威武的狗，一雙雙大眼睛咕碌碌直轉，彷彿兩顆黑寶石，不停開心張嘴汪汪汪叫！

這是位於嘉義牛稠埔，茂密樹林高高聳立，像座

鬱鬱蔥蔥枝繁葉茂的原始森林，綠樹濃蔭花草遍地，風景優美生機勃發，彷若仙境一般的慈雲寶塔。

生肖屬兔，非常愛狗的黃朝揚，是慈雲寶塔的董事長，與漂亮賢慧嬌妻凱庭，每天和這些狗狗們快樂相處，非常開心溫馨與感動。臉上掛著燦爛笑容的黃朝揚說：天氣暖和時陽光像一縷縷金色的細沙，穿過綠樹成蔭的枝葉，灑落在草地上。狗愛趴在地上睡，有時會四腳朝同方向舒服躺著，可愛極了！一身烏黑發亮的小黑狗，尾巴一擺動起來，像個滾動的小絨球，悠閒不停地搖擺著。

「只要沒出差，我早上一定會先進公司，來看看這些寶貝狗。當我的車開進慈雲寶塔，人都還沒下車，這群愛狗就會飛奔衝過來，眼神是興奮快樂，汪汪大叫對我直笑，就是告訴我說：哇！主人你來了，我很愛你！讓我整天心情都特別好，充滿正能量真是太美好了！太開心了！」黃朝揚說。為了讓愛狗有很好舒適的居住跟活動空間，他在慈雲寶塔樹林區，親手建立一個專屬的狗舍，並聘請專人精心照料這些毛茸茸的小天使。這位負責的阿姨，每天不僅為全公司的員工準備營養美味的午餐，更非常細心照料這些可愛的毛孩們。這些幸運的狗兒們不僅有溫飽，享受著無微不至的照顧，更有廣闊樹林自由奔跑，成為全世界最幸福得寵的狗兒。

黃朝揚與愛妻凱庭，為愛狗興建廣闊舒適環境溫暖照護

慈雲寶塔榮獲國家級肯定

曾在2006年出版《心想事成》暢銷書，掀起洛陽紙貴風潮，作者黃朝揚因此成為熱門的話題人物。他是鈺泰集團總裁、北京工體100保齡球網球中心董事長、北京鈺泰創智國際管理顧問總裁、首都企業俱樂部的副理事長、台灣慈雲寶塔的董事長、台灣力匯晉升很快的「飛馬」。

黃朝揚說：從小家裡就飼養許多土狗，他很喜歡狗的忠誠、勇敢、機靈、活潑、溫順、可愛、警覺、聰明、靈敏、健壯、忠心耿耿守護主人跟家園。「在分享我跟狗有密不可分，深厚感情許多故事之前，我先來告訴大家關於慈雲寶塔，未來會打造全新的寵物寶塔。」他娓娓道來，慈雲寶塔位於牛稠埔真龍穴之中，塔後方有雄厚的靠山，艮龍入首，左右有砂護衛，前面有名堂廣闊，有小溪環繞，前有將軍山橫攔為案，脈氣旺盛，四周風景宜人。

「慎終追遠，追思懷念。讓逝去的靈魂，有一片安魂淨土，安靜優雅的清淨地，緬懷先祖的五星級寶塔。慈雲寶塔自1991年由請建造設立時，即本『產權合法、價格合理與造福鄉里』的理念，在前瞻『殯葬禮儀的專業管理與完善的顧客服務』指導下，利用先進的科技工藝，來達成『慎終追遠』的孝思；因此，寶塔全區景觀採庭園式、休憩式的造景設計，而內部裝潢著重科技化與人性化相結合，使塔區溫馨、肅穆莊嚴；同時慈雲寶塔更以『慈雲人、慈悲心』的企業文化傳承，以達『孝順的塔－慈雲寶塔』為目標。」黃朝揚表示。

黃朝揚強調：30年來慈雲寶塔所推動傳統文化的薪傳與創新角色，已受國家級的肯定，由前總統李登輝先生及各政府要員所頒贈賀匾，實足證明慈雲寶塔在文化傳承上之肯定。慈雲寶塔落成啟用後受到各方愛戴，感謝各界人士認同慈雲寶塔，所提出孝順心、慈悲觀的善念，立志將慈雲寶塔經營為南台灣第一品

牌的寶塔，以腳踏實地的做事態度貫徹始終，為企業建立一座傲人的里程碑。

源自獸醫父親無與倫比愛寵物

黃朝揚這三個字備受矚目，常被讚譽是傑出頂尖的成功人士。謙虛低調的他不僅善良、正直、誠信、慈悲，更是熱衷慈善愛心公益。他對寵物的喜愛，根源於在嘉義縣政府擔任獸醫的父親，他的爺爺是嘉義教育局的課長。時光隧道溫馨記錄了一位年近九旬的獸醫父親，他是黃朝揚心中最溫暖的記憶。這位老者身材微瘦，卻擁有著對寵物與動物無與倫比的愛心。他家的小黑狗，每每見到陌生人，總是樂呵呵地歡迎，將溫順和熱情展現得淋漓盡致。

在黃朝揚的成長故事中，小黑狗是幼時的美好記憶。牠無比可愛，一雙水汪汪的眼睛、嘴巴、耳朵和毛髮都充滿了溫暖與愛意，更重要的是牠對家人忠誠無比。當黃朝揚情緒高昂時，小黑狗總是以各種方式表達快樂，彷彿懂得分享主人的喜悅。這種愛不僅限於寵物，更貫穿於黃朝揚家族的血脈中。因為獸醫慈父在縣政府工作的薪資，要扶養四個孩子，需要另闢財源，父親擁有豐富的寵物飼養經驗，為了貼補家用，黃家飼養雞、鴨、鵝、貓、狗、牛、羊、豬、鹿等各種動物。飼養梅花鹿，鹿茸能用來泡製昂貴的鹿茸酒，增添家中的收入。

英俊瀟灑風度翩翩的黃朝揚，是傑出成功企業家的最佳典範

阿福忠狗最愛跟主人黃朝揚撒嬌

他回憶說，父親對動物充滿慈悲愛心，深受當地農民的尊敬。父親在嘉義縣政府任職，是專業頂尖的獸醫，負責為農戶提供動物醫療服務。與現代的寵物醫生不同，他的父親是一位走動式的獸醫，需要親自前往農場為雞、鴨、鵝、貓、狗、牛、羊、豬等動物打預防針或看病。當時家裡養了許多土狗，每一隻都有自己的名字，以顏色和特點區別。這些狗不僅是看家把守的好助手，更是增添家庭溫馨的好幫手。回憶起童年時光，黃朝揚深深感受到，這些動物給予他們家人滿滿的快樂與溫暖。

黃家就像個小型動物園，不僅有伯恩山犬和拉布拉多等高大威猛的犬種，還有十多歲的老狗福哥。這些動物如同家人一樣，每當黃朝揚和他的兄弟姐妹放學回家，狗兒總是搖著尾巴在門口歡迎，父親的愛心不僅體現在對寵物的照顧上，更表現在他專業的工作中。

獸醫父親除夕為一千多隻雞打預防針

回憶起童年印象深刻難忘的一幕，父子倆在某年除夕下午，為農場的上千隻雞打預防針，直到太陽下山月亮升起才完成。心中滿有歡樂的成就感，卻在回家途中父親的摩托車故障了。父子倆只能在黑夜中，齊力推著摩托車，一步一腳印揮汗如雨走回家。狀況看似狼狽，但父親卻欣慰說：這個除夕很有意義，真高興我們幫農民的一千多隻雞打了預防針，大家好過年。

這樣善良慈心的父親，不僅是一位專業的獸醫，更是一位充滿愛心智慧的長者。他不僅愛護寵物，更教育孩子們如何用愛心溫柔對待動物，將牠們當做著自己家人一樣。在黃朝揚的家庭中，寵物扮演著特別重要的角色，並為他們帶來無限的歡樂和溫暖。對父親的尊敬和崇拜溢於言表，他學會父親以愛心和耐心，對待身邊的每一種動物。懂得尊重和愛護動物，一直伴隨著他成長。

在那個年代與現代寵物不同，家中飼養的動物不僅僅是寵物，更是家人、伙伴和看家護院的好幫手。

黃朝揚說：狗是自然界中最善解人意的動物

即使是繁忙的農場工作，父親依舊全心全意地照料著每一隻動物。這份愛和責任感，深深影響黃朝揚的成長和價值觀。隨著時光流逝，現代人對待寵物的方式或許有所改變，但黃家人愛護和尊重動物的優良傳統溫暖延續。

每當黃朝揚回憶起那些和家人、寵物一起度過的溫馨時光，心中充滿了感激和溫暖。黃家的寵物不僅是青澀歲月中的陪伴，更是家庭情感共鳴的見證者。今年已90歲高齡的獸醫父親，一生都以溫暖愛心和無盡耐心對待動物，發揮對生命高度尊重和真心珍惜。這份慈愛無時無刻不在，不論是曾經的童年回憶，還是現在的生活中，都彰顯著那份濃濃的情感連結。當年的土狗，家中的牛羊雞鴨，還有父親悉心照料的寵物們，都成為成長中最美好的印記，深深烙印在黃朝揚成功美滿的人生旅途中。

在慈雲寶塔仙境般美景的狗，悠閒躺臥幸福快樂！

對寵物要像家人一樣好

黃朝揚從小深受父親影響，對動物尤其是狗充滿了無盡的愛。「我父親說，狗不只是人最忠誠的伴侶，更有著令人驚訝的人性。我們對狗充滿著無限的寵愛和關懷，要把狗當家人一樣親，像對家人一樣好，甚至比對人還要更好呢！舉例來說個有趣又好玩的事，我們家那隻雪納瑞，帶去寵物美容店剪頭髮要1,000元，我剪頭髮要花600元，我90歲的爸爸去剪頭髮，只要花300元。所以狗剪頭髮的錢，都比我們主人還要貴啊！哈哈。」黃朝揚笑著強調說，現代人養寵物，都比對自己更寶貝，所以人們都寧願付比自己更高倍數的錢，去寵愛他們的毛小孩。

黃朝揚表示：不論財產有多少，擁有一條狗你就更富有！

　　黃朝揚深信，對待寵物如同對待家人一樣，這些毛孩子們是無私的給予者，他們的存在給予人們巨大的溫暖和快樂。因此，我們應該以同樣的愛心和關懷對待寵物。若是飼主可能面臨不想或不能再飼養的困難時，應該尋求合適的機構來接手照顧，而不是隨意將寵物遺棄。他深信生肖中的兔和狗，擁有非常親和的特質，因此不僅對狗的飼養寵愛專注照顧，在日常的穿著上更展現對狗的深愛，他身穿的衣服、休閒衣褲、領帶、帽子、甚至襪子，都特別挑選充滿著各式各樣狗圖案的國際品牌，處處顯現出他對狗的摯愛和深厚情感。

生日獻禮父贈許懷賜大師忠狗畫

　　「在慈雲寶塔的辦公室、家裡，到處都能見到，我從歐洲、亞洲、世界各地精心選購回台，各種與狗相關物品的擺設。最特別珍貴的是，我父親送我的生日禮物，他請名畫家徐懷賜，花了一年時間精心繪畫30多隻品種狗的畫作。」黃朝揚說，大家都對這些狗畫嘆為觀止、震撼不已！

　　黃朝揚說：由台灣著名畫家許懷賜大師，所繪製幾十隻不同品種名狗，五彩繽紛、靈活靈現的珍貴畫作，

　　這幅畫是他90高齡的父親，精心為他準備的生日禮物。父親重金禮聘台灣著名畫家許懷賜大師，以整整一年的時間，創作出這幅獨一無二的曠世畫作。

　　畫作中融入了多種不同的狗狗品種，每一筆觸都彷彿是一段寵物與人類間的濃密的情感交流。在許懷賜大師的筆下，畫中名狗或站或臥，閃亮發光的眼神、活潑姿態生動表情，都真摯地在七彩畫筆中揮灑！黃朝揚深情的說：「我在畫作中找到了許多共鳴的元素，家裡曾飼養一隻雪納瑞，而畫作中的各名種狗，都讓我聯想到自己曾經飼養過的狗。」這幅畫作不僅是美麗的藝術品，用色明亮而鮮豔，彷彿是一道道彩虹，將寵物帶來的多彩世界完美呈現，更詮釋感動人心的父愛子。

成功哲學厚德載物行勝於言

　　狗對黃朝揚來說，不僅代表著愛寵物，更體現對生命的珍視和尊重。他相信狗會帶來幸福和好運之信念，讓他對狗與動物充滿積極的正能量，愛和關懷在他成功事業和幸福家庭中，播下了正面的種子。他深信狗不僅忠心耿耿，更能與人心靈相通，這種默契是養狗人士共同的體驗。狗跟寵物能為人們的生活，帶

寵物星球頻道團隊親臨採訪

來無盡的幸福快樂和正能量，每一個微笑都如陽光一樣燦爛。

黃朝揚是一位成功創業家，他的成功路程並非僅建築在商業成就上，更是根植於他對家庭與寵物的深刻情感。他的成功人生哲學深受父親影響，從小父親教導他善良忠誠，對生命虔誠，對父母長者孝順的正面影響。對待家人如同對待事業一樣，充滿了熱情愛護與勇敢承擔的責任感。

「初生之犢不畏虎」，道出他在意氣風發20至30歲間，選擇在北京創業，開創巨大事業的勇氣和毅力。壯志凌雲勇往直前無所畏懼的精神，驅使著他踏上創業成功的征途。他在中國商業環境中學到的「沒關係找關係，有關係沒關係。」的智慧，讓他深刻明白建立黃金人脈的重要性。黃朝揚的成功哲學：「厚德載物，行勝於言。」他以慈悲與孝道為基石，創建目前全世界最大的「北京工人體育保齡球館」，有100個球道，最先進的設備，生意興隆揚名國際。

90高齡父親祝賀愛子黃朝揚
知名畫家許懷賜大師忠狗圖為生日禮物

賢伉儷最快速衝上力匯「飛馬」

成功創業需要的不僅是個人的勇氣和智慧，更需要強勁團隊合作與良好人際關係。不斷挑戰時代先驅，與時俱進精益求精的黃朝揚，在台灣跟大陸都擁有令人稱羨的多元成功事業。永遠走在時代趨勢前端之上的他，懷著謙虛的空杯心態，追上大健康的藍海市場。

人生就是要不斷努力往上爬，成功就在終點等你！黃朝揚一向喜歡做破紀錄跟得第一的大目標。若有機會同時享有榮耀與成就，不論背景與學歷，只要選對行積極努力，都能成為胸懷世界鴻鵠大志的企業家，擁有全方位卓越富裕的自由人生。

「2023年6月我的姪女鈞儀跟我說，她的表妹也是我們慈雲呂永章副總的女兒姵萱，正在做RIWAY這個事業。一開始只是支持的心態跟他買了一套產品，認真研究了解之後，發現這是一間國際性的企業，力匯創立於2008年，從新加坡拓展至馬來西亞、印尼、台灣、泰國……在全球14個國家都設有公司。產品、老闆、公司、制度都非常的好！RIWAY為"RightWay"的縮寫，意即正道。體現公司創業哲學之精髓，引領我們走向光明正道，更反映我們協助全球人類，不論種族、宗教、社會地位或國籍，改造更美好人生的決心與熱忱。」黃朝揚娓娓道來，他加入力匯的因緣際會，尤其敬佩林汶鋒總裁。

他進一步指出，力匯2012進入台灣之後，年年業績都翻倍，更在2021年創下了133億的營業額，目前是台灣第一，全球前五名的直銷公司。要做就做世界第一，不鳴則已，一鳴驚人的黃朝揚，決心開始全力投入力匯事業，積極認真全力衝刺、樂於助人飛躍發展。創下加入力匯後，超越一般人快速達成飛馬的紀錄保持人。「我跟老婆凱庭在5個月內就雙雙上了飛馬，成為力匯晉升很快、最特別的飛馬夫妻檔。」黃朝揚強調本著透過創新優質產品與服務，以協助人

許懷賜大師忠狗畫作，每一色彩
鮮艷的筆觸，都令眾人驚艷不已！

們締造更美滿富裕人生的信念。發揚力匯正直、正派、正面的高尚文化，提供實現夢想與理想的平台。

為寵物打造專屬慈雲天堂

黃朝揚的成功並非僅限於事業，更體現在他對家庭和寵物的熱愛與尊重。母親離世後，他用其名「慈雲」來命名，紀念她的愛和奉獻精神。他強調慈雲寶塔，是人與寵物慈悲對待的象徵，是愛護動物者跟寵物靈魂安息之好所在。

在慈雲寶塔的建構中，他注入了對人們和寵物的愛和尊重。他深信每一個生命都應受尊重和珍惜，這是他在創業路上一直秉持的理念。慈雲寶塔不僅是座優良建築物，更是人寵心靈堅固的依靠，對生命靈魂愛護關懷的承諾，贏得無數尊重和讚譽。

黃朝揚的成功不僅在於商業智慧，更在於他對家人和寵物的愛護。他的父親是一位慈祥且睿智的長者，對待人事物充滿慈悲與善良。源自對狗狗和寵物的深情大愛，黃朝揚未來的目標是，宏觀規劃精心打造，一座讓寵物靈魂永恆安息的慈雲寵物寶塔。

世界第一潛能激勵大師安東尼羅賓說：「要做，就做世界第一！」這種第一的大格局、大決心，不僅影響黃朝揚體現在事業上、生活上，更落實在珍視守護每一個生命。他強調，我們要以慈悲心來對待寵物。狗媽媽或狗爸爸，對待飼養的寵物，若能以「要養寵物，就要做到世界第一的照顧！」人寵關係將圓滿和諧。慈雲寶塔未來即將要打造世界第一的人寵寶塔！

風景秀麗綠樹叢生的慈雲寶塔
吸引胡瓜主持的綜藝大集合來錄影

黃朝揚賢伉儷以最短時間
雙雙衝上力匯「飛馬」

黃朝揚（左）很尊敬，履行正派
理念的力匯創辦人兼總裁林汶鋒博士

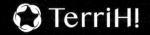

榎醣飲

全球首創獨家草本製劑 代謝平衡

促進代謝 快健康！

1 天然草本打造健康，幫助調整體質及生理機能，促進代謝

2 需要族群：嗜甜族、應酬族、銀髮族、久坐族

3 特色：非侵入性、非藥性、無副作用

4 特殊配方經過人體臨床實驗、動物急毒性實驗

雍大生物科技股份有限公司
YoungDoer Biotechnology Co. Ltd

221011 新北市汐止區福德二路390號8樓
Tel：02-2693-2099　E-mail：youngdoerbio@gmail.com

小英總統超喜歡的MIT
李漢堂MID手工寵物三輪車

我們國家的領導人蔡英文總統，很支持MIT耶！記得在一次展覽場中，小英總統看到我們手工寵物車時，寵愛毛孩的她，露出像少女一樣甜美的笑容說：我要買！MID手工單車創辦人李漢堂，笑容可掬地敘述著……

採訪/王鼎琪、吳錦珠　文/吳錦珠

MID是金城武廣告腳踏車

手工單車設計師李漢堂，用MID打響MIT名聲

李漢堂的MID手工單車，自2009年創立以來，一直堅持創新與服務。受到廣大粉絲客戶的青睞，全台有80家以上的單車店，為消費者提供最好、最完善的售後服務。

2014年長榮航空，邀請巨星金城武拍攝「I See You」廣告，帥氣瀟灑的金城武在台東平原伯朗大道上所騎的單車，正是MID手工單車。廣告爆紅後，沿途的茄冬樹，被捧為「金城武樹」，MID手工單車更成了「金城武腳踏車」，知名度大開為之火熱！之後，明星蔡依林、隋棠和全家便利商店拍廣告時，都指名使用MID手工單車。

獲獎無數的MID手工單車榮獲2015年台灣華人設計大獎、德國if設計獎的實用作品獎，MID Bike 的品牌理念，是幫助對單車有熱忱與執著的人們，描繪出屬於自己的單車藍圖，將個人的品味與風格，融入他們的生活中。MID手工單車是源於台灣的手工單車品牌，致力於維繫品牌的三項原則：手工x單車x生活。

MID全台唯一首創手工寵物三輪車，小英總統超喜歡

李漢堂對這三項原則補充説明：

手工：藉由台灣多年的單車製造技術，以純手工的方式焊製車架、前叉、輪組，甚至是最後的整車組裝。

單車：透過客製化的製程，不同的塗裝顏色與配件選擇，展現出與眾不同的單車風格。

生活：一台單車反映出的，不僅是個人的品味與風格，更能傳達出一個人對於生活的態度。

美感與工業完美結合的MID手工寵物三輪車

MID手作溫度打開亞洲市場

曾是自行車選手的李漢堂，在2009年從10萬元台幣創業起家，那時台灣的單車市場，已經要從繁榮的至高點，由盛轉衰將往低點下滑的時期。自創品牌的MID，是做二次加工零組件，主要客戶是日本手工單車業者。看準商機把傳統廠商的零件買來，再交由其它工廠的師傅拋光、噴砂，提昇零件質感，經過加工的零件，身價幾乎翻轉三倍以上。由老師傅純手工焊製車架、前叉、輪組到整車組裝。

MID以開發鋼管單車、精品零件與ODM品牌為主，從一開始就強調顧客參與的精神，所以使用者能依據個人喜好，來選擇基礎零件、塗裝配色與附加配件，打造出賦予個人風格的特色單車。即使客戶下單後，必須等至少三個月以上，才能拿到成品，每台單

車三萬元起跳，比起一般單車平均售價大約貴兩倍以上，客戶還是趨之若鶩、紛紛下單搶購。

台灣曾經是自行車王國，許多世界知名的大廠都由台灣代工，製車技術從OEM，邁向ODM，但因為人力成本逐年攀升，很多廠商無力負擔，無奈只能紛紛出走。曾是全台手工單車零組件最大供應商的李漢堂，將危機變成轉機，他與傳統加工廠合作，專精難度較高的金屬工藝設計，將鋼材做多道程序加工，連小小螺絲釘都不放過，更開發出首創的鈦鍍鋼管車架。從零組件供應商，轉型做整車設計，外銷新加坡、韓國、中國大陸，打開亞洲市場。

當時同業的研發方向，大多朝向競速、多功能的單車，李漢堂思考MID的定位，反向朝城市車區塊發展，這是比較冷門的市場。因為冷門，所以許多大廠不願意投入，他不斷在創意上研發，開啟了與眾不同的路線。當全世界都在以機器化來提高生產效率時，MID用更多手作的溫度，開創慢商機。證明了手做、慢工、越值錢。李漢堂強調，這是他逆向操作的成功模式。

台灣獨家手工寵物三輪車

MID從零組件供應商，轉型做整車設計，從單速車、淑女車、兒童車一應俱全。真皮手把、純手工拋光的車架、牛皮椅座墊……等。消費者可依照自己的喜好，指定喜歡的造型、材料、顏色、大小。老師傅再依序慢慢敲打出，客戶喜愛的手工腳踏車。「雖然是小眾市場，這群客戶的消費力、忠誠度非常高！」李漢堂表示，自己從不停止，與時俱進為手工單車注入更新的生命力。

MID手工寵物三輪車閃亮登場

對單車細節十分講究的他強調：手工單車要有客製化的新鮮感，MID繼2015年金城武掀起的城市單車風潮之後，將設計重點放在女性、寵物身上，不斷研發找出女性們，對於騎車最想要的是什麼？

「主要是設計給女性，載小孩子、載寵物，因為女性車要小、要巧，所以要改皮帶傳動的系統。所謂改皮帶，就要改變大小前後的齒盤。2021年開始進攻女性、寵物市場。MID單車全新推出，台灣獨家手工寵物三輪車，就是要您與毛小孩們，一起騎運動兜風趣，歡迎您預約試乘，全台灣皆可以喔！」李漢堂表示，針對手工寵物三輪車，全省推出近30個體驗門店，隨時可以滿足您與毛小孩就近體驗試乘，歡迎您一起來感受，前所未見的騎乘樂趣！

李漢堂強調：MID手工寵物三輪車，系出工匠之手藝。以設計美感為概念，融入生活實用為元素，創造出台灣唯一獨家，多元性三輪車，適合平時購物跟載寵物使用。歐洲CARGO大車底盤結構設計，前方實木製作的木箱，可容載40／公斤物件，全車採一體式車架結構設計製造。最大整車乘載重量，可達140公斤。在安全防護上，配製前兩輪双碟式煞車系統，及後輪回踏腳煞車。讓短時間停車且維持穩定的制動性更加安全與敏銳，非常適合毛小孩家長們，自騎或活動使用。

想像一下，毛小孩開心地坐在寵物三輪車前方的原木車廂內，而我們在牠門身後踏踩共乘兜風，一幅人寵共融、悠閒自在的畫面，還有什麼比此刻更幸福呢？

MID手工寵物三輪車，系出工匠之手藝。
美感概念融入生活實用元素，寵愛你家毛寶貝

毛寶貝唯一指定坐騎，MID寵物三輪車界的高級房車

坐上最夯的MID手工寵物三輪車，毛小孩快樂出行

Hitic

台灣手工單車品牌

一台停留在渡假回憶的單車

寵物友善幸福的樂園
白石森活休閒農場

群山環抱、雲層遼繞，從台北市內湖路三段右轉碧山路，來到台北幸福之丘－白石森活休閒農場白石58，位於台北市內湖山上，屬於難得一見的都市休閒空間。

文/Cindie 圖/白石森活休閒農場

站在白石58放眼望去，您可以遠觀座落於層巒疊嶂之間的台北101，感受自然山水與現代建築的對比與融合，擁有白石之巔的心曠神怡。

毛孩與飼主歡樂跑跳

白石森活休閒農場的主人劉爸爸與劉媽媽，自創建農場起，都以愛心澆灌每株幼苗，如今綠蔭繁茂的蕨類步道、結實累累的有機果園香草區、姹紫嫣紅的景觀花園區。山頭全區為保護區，保留原始的森林和農田面貌，讓人一腳踏進白石58，就一眼看遍自然之母揮灑的奧妙。

「友善可愛的毛孩也是我們的一家人，在大片綠草如蔭的土地上，是毛孩們與飼主盡情歡樂的安全空間。

農場位於台北內湖白石湖社區

毛孩們除了飲食的均衡，更需要的是飼主的陪伴，以及遠離公寓中狹隘的空間，給毛孩最舒服的跑跳人生，就是在大自然中，呼吸新鮮的空氣，無拘無束的伸展身子。」劉媽媽笑容可掬的説，曾經有幾十位飼主，帶著心愛的哈士奇，在白石58舉辦盛大活動。熱情歡迎您來安排寵物聚會、生日趴、戶外電影欣賞與音樂趴，更有可能的毛孩婚禮在這等您來舉辦。

遠眺101登上白石之巔居高臨下，白石森活休閒農場的美景盡收眼底。得天獨厚的地理位置，享有絕對的寧靜，飄渺清淨的山水景色，在此創造出許多家族的幸福故事，面對不同需求的顧客，都能提供一個預約幸福及美好的可能。

台北少有寵物友善農場

四季美景 顛峰綻放

白石森活休閒農場，帶你發掘四季變幻美景，是打開通往幸福的扉頁。提起創建的緣起，故事源於九十年代，劉家聚會運動的場所，從一代營造健康、養生的環境，二代在此相遇找到幸福，三代幸運地在此蘊孕。藉由代代傳承，白石不斷將健康與喜悦繼續地傳頌，從家族享有延伸到群眾共享，現在更成為一處寵物友善的天地，讓更多人感染這份幸福與療癒的感受。白石森活休閒農場，代表家族凝聚的深層關係，是開枝展葉的幸福版圖。

來過白石58的人，都很喜歡落羽松大門，通往靜謐的秘密通道，轉入白石湖社區碧山路58號的車道，隨即映入眼簾的是，北美風情滿溢的落羽松樹林，高聳入雲地層層包覆著，白石森活休閒農場的會館。它們靜靜守護這片在台北都市鬧中取靜的國度，在春天穿上綠色棉襖，襯托乍暖還寒的初冷；到了秋天，便褪去原始外衣，讓自己來到最巔峰的綻放，橘裡透紅的熱情，讓整個山頭彷彿煙花散落般美麗。

「休閒景觀生態區，看盡自然奧妙的小天地，事物總是透過分享才顯得美好，因為我們希望這裡的四季美景，不止是我們獨自坐擁，所以白石58莊園的大門全年為你而開，熱情歡迎您來，親自用雙眼補捉四季景色的變幻和更迭，領略大自然畫布的色彩運用。」劉爸爸開心地説。

寵物社團聚會聚餐好去處

有機傑作各式客製餐點

　　大自然糧倉一窺豐富的有機傑作，承襲劉家早期移民加拿大時，所接觸到有機農業，對環境及健康的重視，白石58取之於自然之餘，更回饋於自然，利用不帶給環境負擔的方式自給自足。在大自然的協助下，孕育結實飽滿的翠綠蔬菜瓜果，在有機種植的方式下，讓季節替蔬果輪番鳴唱自己的生命篇章，並運用於白石58內的各式客製餐點。

　　崇尚自然的劉爸爸與劉媽媽，貫徹樂活健康飲食，講究樂活之道。健康的身體，其中飲食佔了80%的影響因素，白石重視來訪的您，如同重視家人的飲食，讓您體現健康不只能吃出來，也能走出來的樂活之道。

　　白石森活休閒農場，不只風景優美，更有諸多農場服務累積知識。希望來到白石58的大家，在離開之前能帶走心靈身心富足，充實腦袋的知識與所學，就是最具有保留價值的禮物。所以在農場內，有裝潢前衛實用的會議場所，吸引許多公司團體，前來歡聚開會辦活動。

　　白石58的各式會館空間提供場地租借，舉凡教學會議、營隊潛訓，讓團體舉辦演講及講座，藉由講者親身與課程成員互動、對談，近距離傳遞知識與正能量，可不定期開放DIY教學與各類研習，善用多功能室內外機能。

　　讓您腦力激盪開發左右腦，開會是左腦思考，置身在富含芬多精的白石58森林中，讓新鮮空氣啟動右腦五感吸收知識，促動腦細胞提升運轉效能，使會議進行更順利，交談討論更踴躍。

　　教育訓練工作夥伴間的相互砥礪，團隊之間最重合作交流，若能讓彼此之間有一定程度的默契及認知，會讓工作或日常合作事半功倍、溝通順暢。白石58莊園提供團體作教育訓練的場所，依團體需求可安排大小活動廣場，依教育訓練的課程需求，場地可隨課程做一定程度的佈置，讓課程成員們，能在最舒適的方式下融入情境投入訓練。

農場內飼養貓、狗、烏龜⋯⋯各種寵物

團體導覽　探索白石58

　　進到白石58，整個莊園就等待著您來探索，在前來拜訪之前，若有團體導覽意願，可事先聯絡與預約客製需求，農場便會視團體的人數、性質、天候、季節來為訪客們做最適切的導覽服務，帶大家細細品味在這支線中的支線，到底蘊藏哪些豐富資源。

　　白石半日遊～打造專屬旅程，歡迎提前與白石58聯絡和討論，為您規劃一趟，極具人文與自然風情的白石生態半日遊，遊走在碧山巖、白石湖吊橋、白石湖、大崙頭山之間。

　　商業攝影～留下美感瞬間的剎那，生命中有太多美好記憶值得珍藏，白石58莊園從成立至今，早已承載許多家族記憶。美麗山景與新鮮空氣，歡迎大家用眼、用心、用快門紀錄下每個瞬間的韻味，不管是全家福、婚紗攝影、商業取景，白石58莊園的每株花朵和枝葉，都會為你的到來而綻放露芽。

　　婚宴場所見證幸福的時空當下，新人生命中最重要的里程碑之一，即是婚禮見證，白石58延續當初創立的起緣，將這個曾經也是58家族成員的婚禮地點，出借給即將成婚的新人們。希望能將幸福，感染給周遭親朋好友，在這重要的一刻一起和幸福相遇！讚美大自然的恩惠，竭誠歡迎您來，一探白石58的究竟！

狂歡海灘趴！毛孩當主角

台灣五大寵物友善沙灘，點燃你的夏日熱情！

夏日的腳步漸漸逼近，曬著陽光和吹著微風的季節，我們的毛孩子們迫不及待地期待著一場別開生面的海灘冒險。

文·圖/寵物達人 小茶

當我們走在沙灘上，感受著腳下柔軟的沙粒，聆聽著海浪的歌聲，我們同樣期待能與毛孩們一同享受這片自由與歡樂的海濱。台灣不僅有美麗的海灘風景，更是許多飼主們帶著毛孩們尋找樂趣的天堂。讓我們一同來介紹台灣五大寵物友善的沙灘，讓我們的毛孩也能在海濱放飛歡樂的翅膀！

海邊是狗狗最愛與主人一起來的地方

寬廣的天地，無限的歡笑

寵物友善的沙灘就像是一片廣袤的天地，讓我們的毛孩能盡情奔跑、嬉戲。沙灘上的沙子柔軟細緻，為毛孩的爪子提供了極佳的觸感。而清澈的海水則是毛孩們的玩樂天堂，牠們可以嬉水、腳踩波浪，享受這片無限的歡笑空間。

充滿友善氛圍，毛孩的天堂

寵物友善的沙灘都注重營造友善的氛圍，讓我們的毛孩能在其中盡情玩樂。這不僅是一個對毛孩們的福利，更是一種對主人的尊重和鼓勵。在這裡，我們可以看見一群群的毛孩與飼主們一同享受陽光，這種和諧的場景總是讓人心生感動。

專為毛孩打造，便利的設施

這些寵物友善的沙灘提供了各種專為毛孩們設計的便利設施，讓我們能更完善地照顧牠們的需求。在這些沙灘上，可以找到專門的寵物洗澡區、遊玩區，甚至是寵物餐廳，讓我們的毛孩能在玩樂之餘，也能得到舒適的照顧和享用美味的餐食。

無限的交流與樂趣

在寵物友善的沙灘上，我們和其他飼主們能夠交流寵物的經驗和故事，這種交流讓我們能夠更清楚地了解如何照顧我們的毛孩，也能夠分享彼此的歡樂時光。我們看見毛孩們在沙灘上奔跑追逐，與其他毛孩們建立起不需言語的友誼，這種情景讓人倍感溫馨。

深刻的回憶，永不忘卻

　　每一次帶著毛孩去海灘，都是一次深刻的回憶。看著牠們在沙灘上瘋狂奔跑，追逐海浪，看著牠們對陌生的海水充滿好奇，看著牠們和其他毛孩一起歡聚，這些瞬間都被刻畫在我們的心中，成為我們永不忘卻的美好。

　　總之，台灣的寵物友善沙灘不僅是我們和毛孩們的樂園，更是我們與毛孩之間情感的融合。在這片寬闊的沙灘上，能與寵物家人共同創造了無數的歡樂回憶，讓我們的毛孩們在陽光下自由奔跑，在海浪中尋找快樂，成為彼此最快樂的旅伴。

　　無論是東部的七星潭、南部的白沙灣，還是北部的貢寮石門洞海灘，這些寵物友善的沙灘，真的是我們和毛孩們的幸福天堂！

每次的海灘旅程都能讓寵物留下美好回憶

全台寵物沙灘私密景點大公開

探索北海岸的秘境
貢寮石門洞海灘寵物天堂

文·圖/寵物達人 小茶

貢寮石門洞海灘
寵物友善的自然寶地

新北市北海岸，以其壯麗的海岸線和清新的海風，吸引了無數遊客前來探尋海濱的寧靜與美麗。然而，在這片美麗的海濱地帶中，藏著一處特別的寶藏─貢寮石門洞海灘，這個隱藏在石門鄉的寧靜角落，不僅擁有絕佳的海灘風光，更因其寵物友善的政策而成為愛護毛小孩的遊客們最愛造訪的目的地之一。

北海岸寵物樂園-貢寮石門洞海灘

北部寵物友善好去處

對於愛寵物的家庭而言，找尋一個能夠讓毛小孩一同享受大自然的地方，絕對是一大挑戰。然而，貢寮石門洞海灘就是這樣一個難得的寶地。這裡提供了開放寵物的政策，讓毛孩能盡情奔跑、在細膩的沙灘上奔馳，同時也能享受海風的吹拂。毛小孩們可以自由嬉戲於沙灘上，追逐海浪，毛爸媽們也能一同共享戲潮踏浪的歡笑和樂趣。

毛孩家人互動的樂趣

貢寮石門洞海灘不僅僅是一片讓人放鬆的沙灘，更是和毛小孩互動的最佳場所。您可以和寵物一同奔跑於沙灘上，或者帶著牠們沿著海岸線漫步，享受愉快的散步時光。還可以和毛小孩們一同踏踩潮來潮往的海水，感受親近大自然的快樂。在這裡，人寵可共同創造出難以忘懷的回憶，彼此的感情也會因這些美好時光變得更加親暱與深厚。

貢寮石門洞周邊特色

造訪貢寮石門洞海灘的同時，也別忘了探索周邊地區的獨特景點。貢寮區以其豐富的海洋資源和獨特的文化景觀而聞名。

貢寮老街：位於貢寮區中心的貢寮老街是一處保存完整的古老街道，可品味當地的小吃美食、選購手工藝品，感受濃厚的地方風情。

觀音山步道：如果喜歡登山健行，觀音山步道將是最好的選擇。登上山頂，俯瞰整片美麗的海岸線景色，是攝影愛好者的最愛。

深澳漁港：這個古老的漁港保存著濃厚的漁村風情，可以欣賞到漁船出海歸來的景象，還可以品嚐到新鮮的海鮮美食。

淺水灣海濱公園：距離貢寮石門洞不遠的淺水灣海濱公園是另一個寵物友善的好去處。帶著毛孩們在長長的步道上散步，欣賞大海的美麗風景，是另一種不同的體驗與享受。

和毛小孩共享美好時光

　　貢寮石門洞海灘是一處絕佳的寵物友善海灘，不僅讓毛小孩能夠在海灘上盡情奔跑，享受大自然的樂趣，同時也能探索周邊地區的特色。在這片寧靜的海濱，看著牠們興奮地在沙灘上奔跑，也可以一同踏浪，共同度過愉快的時光。

　　無論是親子家庭、情侶，還是寵物愛好者，貢寮石門洞海灘都是一個值得造訪的海濱寶地。在這裡，可與寵物共享美好時光，讓人寵的情感更加緊密。快來體驗這片寵物友善的海灘，讓旅程充滿歡笑、回憶和感動。

蘭陽冬山河口海灘
寵物友善的東部海洋寶藏

文·圖/寵物達人 小茶

台灣東部的蘭陽冬山河口海灘，有一片迷人的寵物友善沙灘，這裡融合東部獨特的文化風情，讓毛孩可享受海灘樂趣的寵物友善設施，是和愛寵一同歡度愉快時光的理想去處。

東部文化風情-蘭陽冬山河口海灘

寵物自由奔跑　海風相伴

蘭陽冬山河口海灘提供的寵物友善環境，讓毛孩在寬闊的沙灘上自由奔跑，感受海風的撫慰。沙灘上的毛孩們可以盡情嬉戲，追逐海浪，享受陽光和海水的愉悅。這裡的環境讓寵物盡情展現活力，感受大自然的美好。

舒適的寵物友善設施

蘭陽冬山河口海灘周邊設有多項寵物友善的設施，包括供應寵物食物和飲水的站點，隨時照顧寵物的需求。在這裡可以輕鬆找到專門的寵物區域，讓毛孩安心玩耍，毛主人也能在一旁輕鬆陪伴。

愉快的社交場所

在這片寵物友善的沙灘上，不僅可以與寵物共度愉快時光，還可以認識其他喜愛動物的同好。這裡的氛圍充滿著友善和互助，寵物和飼主可以在這社交場所中建立新的人際關係，與其他寵物主人交流養育的心得和經驗。

部落的台灣東部風情

蘭陽冬山河口海灘所在的東部地區，充滿獨特的東部風情。欣賞原住民的藝術和文化，品味當地的特色美食，體會東部獨有的氛圍。寵物也能在這特色之地，感受到不一樣的文化饗宴，一同體驗台灣東部的獨特之處。

愉快的海灘之旅

蘭陽冬山河口海灘是一處具東部特色和寵物友善設施的理想海灘之旅目的地。在這片海灘上，讓寵物自在奔跑，領受大自然的美麗；主人可在寵物同好的社交場所中交流，結交新朋友；更可以感受到台灣東部獨特的部落文化風情，讓人寵共同體驗難忘的海灘之旅。無論是享受休閒娛樂，還是想要探索東部的寵物友善海灘，蘭陽冬山河口海灘都是最佳的選擇，為您和毛寵帶來難忘的海灘出遊回憶。

毛小孩歡樂時光
花蓮七星潭的寵物友善之旅

文·圖/寵物達人 小茶

花蓮，這片台灣東部的天然寶地，擁有著清新的海風、壯麗的山脈和迷人的海岸線。而在花蓮的海岸之中，有一片被譽為「東海明珠」的寶藏 ─ 花蓮七星潭海灘，結合大自然美景與人文特色的寶地，不僅是遊客的心之所屬，更因其寵物友善的設施而成為愛護毛小孩的旅遊勝地。

東部寵物友善的天堂

花蓮七星潭海灘以其寬廣的沙灘和湛藍的海水聞名，然而最特別的在於，這裡有提供寵物友善設施，讓毛小孩也能盡情享受大自然的美好。在指定的區域內，可以與寵物一同漫步於沙灘，欣賞著浪花拍打在岸邊的美麗景色。而且，這裡的寵物友善政策不僅止於沙灘，附近的散步步道和公共區域也都歡迎帶毛小孩們一同遊玩。

活動與互動的樂趣

花蓮七星潭海灘不僅僅是一片讓人放鬆的沙灘，更是人寵互動的天堂。在這片寧靜的海岸線，和毛小孩們一同漫步於沙灘上，共同感受海風的吹拂撫慰。或者，也可以和毛孩們一同踩踏湛藍的海水中，潑水、打水仗，享受涼爽的感覺。這裡的活動豐富多樣，無論是奔跑、嬉戲，還是享受陽光浴，都能夠為您和毛孩創造難以忘懷的回憶。

花蓮七星潭周邊特色

除了美麗的海灘，花蓮七星潭海灘的周邊地區也有許多獨特的景點，讓旅程更加豐富有趣。

七星潭自行車道：海灘旁，有一條長達十幾公里的自行車道，可以租借自行車，沿著海岸線騎行，感受微風拂過的愜意。

七星潭觀景台：登上觀景台，可以俯瞰整個七星潭海灘的美景，將美麗的風景盡收眼底。

東海藍天萬里行：在這個高空活動，可以搭乘熱氣球，從天空鳥瞰花蓮的美景，這將是一個難以忘懷的體驗。

七星潭餐廳：在七星潭海灘周邊，有許多特色的餐廳，可品嚐到新鮮的海鮮美食，享受地道的花蓮風味。

海洋生態教育中心：對海洋生態感興趣者，建議前往海洋生態教育中心，了解更多關於花蓮豐富的海洋生態知識。

海濱市集：在特定的日子，海灘附近舉辦海濱市集，可以在這裡尋找各種特色商品和手工藝品。

人寵互動天堂-花蓮七星潭海灘

和寵物共享美好時光的花蓮之旅

　　花蓮七星潭海灘以其獨特的寵物友善設施，
成為愛護毛小孩的旅遊天堂。在這片寧靜的海岸
上，可以與寵物一同體驗大自然的美好，共同漫
步於沙灘，感受海風的拂過。活動多樣的海灘，
讓您和毛小孩們能夠一同奔跑、嬉戲、沐浴陽光，
創造難以忘懷的回憶。

　　周邊的特色活動和美食更是豐富了花蓮七星
潭海灘的旅程。無論是沿著自行車道騎行，登上
觀景台俯瞰美景，還是參加東海藍天萬里行，都
能夠與寵物一同體驗這片寶藏之地的獨特之處。

　　花蓮七星潭海灘，讓您和毛小孩共享美好時
光，創造難以忘懷的回憶。無論是漫步於沙灘，
亦或是一同參與各種活動，這將是一趟讓您和寵
物更親密的歡樂之旅。趁著假期，來花蓮七星潭海
灘，一同探索這片海濱寶藏，留下美好難忘的回
憶。

白沙灣寵物樂活
墾丁南臺灣的愉悅時光

文‧圖/寵物達人 小茶

墾丁，這片位於台灣最南端的天堂，以絕美的海灘和豐富的海洋生態聞名於世。而在墾丁的海岸之中，有一片被譽為「夢幻沙灘」的寶藏 — 白沙灣。這個擁有細膩白沙和湛藍海水的海灘，不僅是遊客的夢想勝地，更因其寵物友善的政策而成為毛小孩們的愛之所在。

南灣寵物天堂的海濱

墾丁白沙灣以其極緻的美景和自然風光聞名，而最特別的地方在於，這裡提供獨特的寵物友善政策，讓毛小孩們也能享受這片寶地。在特定區域內，可以自由地攜帶寵物漫步於沙灘，也可以在細膩的白沙上奔跑嬉戲，享受陽光和海風的撫慰，留下開心難忘的時光。

南臺灣毛孩度假首選

白沙灣不僅僅是一片供休憩的海灘，更是和寵物互動的理想場所。在這裡，您可以與毛小孩們一同探索海灘，一同追逐海浪，一同享受愜意的時光。白沙灣的海水清澈見底，是和毛小孩們互動的最佳場所。無論是嬉水、拾貝或是沐浴陽光，這將是一趟讓您和寵物緊密互動的旅程。

白沙灣周邊特色

除了美麗的海灘，墾丁白沙灣的周邊地區也有著許多特色景點，讓旅程更加豐富多彩。

墾丁國家公園：白沙灣位於墾丁國家公園旁，前往探索這片自然寶地，欣賞壯闊的海岸景色和豐富的生態。

墾丁大街：在附近的墾丁大街，可以品味到當地的美食，挑選各種特色商品，為旅程增添樂趣。

水上活動：墾丁以其豐富的水上活動而聞名，參加浮潛、划獨木舟等活動，與毛小孩們一同體驗刺激和樂趣的水上活動。

屏東海生館：如果對海洋生物有興趣，可參觀屏東海生館，了解更多有關台灣海洋生態的知識。

和寵物共享難忘的墾丁之旅

白沙灣寵物友善沙灘是您和毛小孩們共享的夢幻之地。在這片金色的沙灘上，與寵物一同奔跑，共同感受陽光和海風的撫慰。在活動豐富的白沙灣，和毛小孩們一同追逐浪花，享受海洋的水上巡禮。周邊的特色活動和美食更是讓旅程添加多彩與豐富性。

趁著假期，前來墾丁白沙灣，和毛小孩們一同體驗這片海濱寶藏，無論是探索墾丁國家公園，還是品味當地美食，這將是一趟讓您和寵物們更加親近的愉快之旅。在這片夢幻沙灘上，與寵物共享難忘的時光，留下美好的回憶。

保有原始風貌的屏東後壁湖海灘
人寵友善寧靜海灘

文·圖/寵物達人 小茶

在台灣屏東的恆春,有著一片寧靜祥和的海灘,名為屏東後壁湖海灘。後壁湖的由來是,來自航道東側的潟湖區,在退潮呈現潟湖型態,像是居民家屋後的湖,稱為後壁湖。

與大自然的親密接觸

後壁湖海灘是一處自然保護區,保留了原始的海岸生態。與墾丁白沙灣的熱鬧不同,後壁湖海灘更顯得寧靜與純樸。在這裡感受到與大自然的親密接觸,沐浴在海風中,欣賞著大海的波瀾壯闊,享受遠離喧囂的寧靜。

南國私密景點-後壁湖海灘

獨特的沙灘景致

後壁湖海灘的沙灘與墾丁白沙灣有所不同。這裡的沙灘更類似礫石灘,細膩的沙子和多樣的礫石交織在一起,呈現出獨特的沙灘景致。沿著海岸漫步,可以欣賞到各種形狀的礫石,每一顆都像是大自然的藝術品,讓人驚艷不已。

海岸生態的寶庫

後壁湖海灘周圍環境維護良好,保留豐富的海岸生態。這裡是各種鳥類和水生生物的家園,可以看到鷺鷥在海灘旁覓食,聆聽著大自然的和諧交響。對生態有興趣的朋友,不妨參加當地的導覽活動,深入了解這片寶庫中的奧秘。

悠閒漫步和水上活動

在後壁湖海灘,可以悠閒地漫步於沙灘上,或是找一個舒適的位置,坐著享受陽光。這裡的海水清澈見底,也適合進行一些水上活動,如划獨木舟、浮潛等。與墾丁白沙灣的熱鬧相比,後壁湖海灘更適合追求寧靜和放鬆的旅客。

品味當地風味

後壁湖海灘周邊有著許多小吃攤和餐廳,可以品味到屏東的當地風味。不同於墾丁的國際化,這裡更多的是濃厚的本土色彩,品嚐到道地的屏東美食。

不同風情的海濱之旅

總結來說,屏東後壁湖海灘與墾丁白沙灣不同的特色,就在於它的寧靜、自然和原始風貌。這裡的風景更為純樸,可以與大自然更加親近。是一趟不同風情的海濱之旅,讓我們在寧靜中舒緩放鬆,在純淨中感受平靜,與家人、朋友和寵物共同創造難以忘懷的回憶。無論是熱鬧的白沙灣,還是寧靜的後壁湖海灘,都能在台灣的南部海岸親身體驗海濱寶藏。

創造人寵最美好的記憶

Pro's choice
PROFESSION NUTRITION FORMULA SERIES

喵喵驚呼!

不思議的 凍乾美味

meow)))
So yummy!

貓奴也驚呼

🐾 新鮮肉品與多種美味原型食材,健康自然

🐾 頂級無穀低敏配方,降低食物敏感因子

🐾 添加複合活化益生菌,減少有害菌增殖

🐾 豐富膳食纖維,幫助消化道順暢健康

保留風味
鎖住營養
❄冷凍乾燥

鹿肉凍乾犬餐

牛肉凍乾犬餐

旗魚凍乾貓餐

虱目魚凍乾貓餐

鮪魚凍乾貓餐

福壽實業股份有限公司
FWUSOW INDUSTRY CO., LTD.

廠　址:43354台中市沙鹿區沙田路45號
45 SHA-TYAN ROAD SHA-LU TAICHUNG TAIWAN

電　話:(04)2636-2111(代表號)
服務專線:0800-712678
週一至週五08:00-12:00;13:00-17:00(國定假日除外)

你家的毛孩是寵物 還是神獸呢？

> 每個人因著個性、環境、需求、甚至可能是前世今生的緣分，來到你身邊的毛孩無奇不有。

文/王鼎琪 圖/Lucas AI製圖

有人養蜥蜴、蛇、老鷹、食蟻獸，有人把獅子、老虎、鱷魚當作寶貝，有人每天捧著刺蝟、背著浣熊，有人天天騎著馬兒、驢子、駱駝去散步。這個世界中你我的毛孩寵兒所扮演的角色與功能都不太一樣。

現代流行的趨勢　我家的寵物是神獸

在中國的古代有吉祥獸，分別是麒麟、鳳凰、龜、龍，從遠古的書畫、雕刻、建築上有跡可循。還有漢代傳統文化中四靈一說：青龍、白虎、朱雀、玄武，所以類似這些寵兒有長壽象徵的烏龜、有翅膀的鸚鵡、孔雀、各種鳥兒、類似龍首的馬、鹿、羊、牛等，都成為越來越多飼主的寵兒甚至神獸了。

在埃及時代的老鷹、大鵬鳥、蠍子、蝙蝠、烏鴉、鱷魚、蟒蛇……還有貓頭鷹，都被賦予動物神獸的象徵。現代人養寵不只是在你身邊增添家人的概念、也是撫慰你心靈最好的療癒方法之一。而寵兒本身不只需要你給牠食糧、適當的運動，牠們也希望來到你的身邊有任務可以完成，有功勞可以得到讚許，甚至有功勳可以在離開地球後，回到他自己的星球，有權勢、有地位、有逆轉的機會，或許可改變下一次的身份。而能成為所謂的神獸該有特質，就是要能夠有保衛主人、護衛主人、捍衛疆土、分辨任務與執行任務的能力。明白道德、數量、樞紐、軸輿之能力者，如同森林之

王般的權勢與霸氣乃可稱為神獸。最重要的是靈性必須具備威猛、堅毅如同磐石之心般的與主人同進退、不懼生死、不懼危險的保護主人，陪同主人完成任務，如同孫悟空保護唐三藏取經的精神。因此，在不可預測的演變趨勢中，未來，人人口中提到不只是寵物，而是我家的神獸完成了哪些任務，真是太神了！

寵物與神獸的星際時代

神獸還有星際樂園、星際頻道？！

2024年後，隨著星象與地氣的變化，人類對於探索虛無的世界會越來越感到興趣。動物星球、寵物星球、神獸星球、外星人星球、地球人星球，宇宙星球數量是7的後面有22個零（70000000000000000000000），是地球上每一處沙子的總和數7的後面有21個零。宇宙之浩瀚，生物之奧秘、靈體之神秘，這已經超乎我們所學所想。神獸的聚會中需要一處樂園，人寵角色扮演、水道競賽區：有滑道、波浪、大海嘯，有森林繩索探險、穿隧道、挖土地、蓋水庫等多種體驗設施，還有太空火箭探索區、宇宙漫步銀河區、星際星河穿梭時空區。在星球間連接的通道上，有個共通的頻道，那是訊息交流、資源交換的平台，是發通行證、認證的單位，在虛實整合的時代中，人類、寵物或是神獸都會來到星際頻道。

未來寵物星際樂園

浩瀚宇宙串聯寵物與神獸來到星際頻道

宜蘭星夢森林劇場
零距離互動可愛動物

「星夢森林劇場」是宜蘭冬山全新的景點，特色是與可愛動物零距離互動，兒童遊樂設施及網美拍照景點，適合親子旅遊、情侶約會、同學聚會、戶外教學、樂齡出遊……等，是宜蘭近期觀光旅遊熱點。

採訪/王鼎琪、吳錦珠　文/ Lucas

打造萌寵的友善環境

「星夢森林劇場」創辦人姜建良說：創辦星夢的初衷是，打造一個動物和人類和諧共處的環境，透過正確的飼養方式，傳遞寓教於樂的觀念。由一群熱愛動物的團隊齊心，合力打造萌寵的友善環境。

此外重視動物的飼養環境，打造萌寵的IP型態，期望衍生出更多的商業模式。更專注飼育員的培訓與管理，是星夢的核心競爭能力。長期與許多KOL合作，特別是親子相關的網紅，建置完整的會員系統，提供顧客深度、第一手的農場訊息。更透過動物延伸出許多的IP及展場文化，未來將和其他品牌的聯名合作，是農場的主要任務。

宜蘭「星夢森林劇場」飼養有多樣種的動物、寵物。有羊駝、梅花鹿、侏儒羊、山羌、長耳兔、狐獴、水豚……等，在台灣較少見。每種動物生活環境不盡相同，飼養前須考量動物的食衣住行，再來評估是否要飼養及設計展區。選擇適合親近的草食獸，讓遊客在飼育員的引導下，安全的與動物互動。也有部分例外，例如食肉目的狐獴，因為會認主人，所以讓遊客隔著玻璃窗觀賞牠可愛的模樣，以保護動物及遊客的安全。

宜蘭冬山全新景點-星夢森林劇場

來星夢和動物明星玩耍

飼養這些特別的動物、寵物們，平均每個月的飼養費用大約要台幣10萬元。像極度怕熱的羊駝，在春夏季節時，除要預防中暑外，還要另外聘請專業美容師來修剪毛髮，費用會多出一些。

在「星夢森林劇場」裡，最受歡迎的動物明星有親人的侏儒山羊、活潑的狐獴都相當受遊客喜愛。其中最受歡迎的物種，非呆萌的水豚君莫屬了，其中身形較小的水豚「皮皮」，是水豚三胞胎之中最晚出生的一隻。由於出生時營養不良，甚至有抽搐的現象，在飼育員們輪班照護，每四小時餵一次奶的悉心照料之下，經過一段時間調養後，終於恢復健康狀態；因此，皮皮也特別親人，成為園區人人愛的動物明星。

動物展演法的規範

「在經營農場的背後，還有著一系列關於經營法規、動物保護、營運模式等等的問題和挑戰，動物農場的經營並非一帆風順。」創辦人姜建良說：在台灣東北角宜蘭經營動物園，可能帶來不少經濟效益，但也面臨著一些挑戰。相較於在家庭飼養寵物，農場的動物可能享有更優質的生活品質與專人照護，星夢森林劇場管理規範，是將動物的需求放在首位。

臺灣的動物展演法規，要求對參與展演的動物進行登記並支付保證金，以確保動物的福祉和未來處理。星夢森林劇場必須保障動物參與表演的環境舒適，並且在展演後能夠提供牠們適當的休息和護理。

此外，動物的排洩物處理、動物文化議題的難題，動物保護與解決問題，一直是社會關注的焦點，更是星夢森林劇場不容忽視的議題。如何在法律和管理上，維護保護動物的權益，以及如何解決涉及動物相關的問題，都需要園區的團隊付出努力。

愛動物，而不斷追求卓越

在未來的發展，星夢森林劇場計畫擴園和改進。諸如增加新的設施，像是小朋友最愛的旋轉木馬等兒童設施，以吸引更多的家庭遊客。並計劃與社會企業及動保團體合作，為台灣的野生動物保護事業，盡一份微薄之力。提供空間給台灣野生動物救援組織，協助無法野放的動物，不僅是園區的責任，也體現了對動物保護的承諾。

星夢森林劇場是深具特色的可愛動物農場，不僅提供親子餵養動物體驗，同時關注動物的福祉和保護。園區在經營過程中所面臨的挑戰，包括法規、動物保護、經營模式等，都需要持續的努力和改進。透過與NGO和政府的合作，星夢森林劇場將繼續致力於，為遊客營造一個深具趣味性、教育價值且充滿愛的動物世界。

姜建良強調：「星夢森林劇場不僅僅是一個園區的經營，更是對動物保護的思考和探索之旅。無論未來的經營方向為何，星夢森林劇場都將以對動物的熱愛和責任感為動力，不斷地追求卓越。」

星夢森林劇場並非只是一個普通的農場，而是一個充滿愛與關懷的生態主題樂園，不僅關注動物的健康與幸福，也致力於教育遊客有關自然生態的知識。透過關愛動物的體現以及與其他動物的親密互動，星夢森林劇場正是藉由這份熱愛和關懷，將動物與人類緊密連結，喚起人們對自然世界的尊重。

園區內盡是各種超親人友善動物群

動物之夢！星夢劇場帶您進入奇幻世界

隨著都市化人口密度的聚集，有越來越多的人渴望遠離喧囂，投身於大自然的懷抱。台灣宜蘭的星夢森林劇場應運而生，作為一個融合寵物、動物和自然生態的綜合性主題樂園，滿足了人們的渴望。我們有幸與該園區的負責人進行深談，了解這個獨特園區的經營模式和所面臨的挑戰。

動物們的秘密花園，是星夢森林劇場以呈現動物自然生態為目標，飼養有一群獨特的動物，每個動物都有其與眾不同的特點。

水豚：這群活潑可愛的小動物，是星夢森林劇場重要的明星角色。牠們居住在園區裡的水域，擁有自己的「秘密花園」。水豚是半水棲的動物，常常在水中游泳，這是牠們最喜歡的活動。飲食以水生植物、水果、昆蟲等為主，園區工作人員會定期提供豐富多樣的食物，確保營養均衡。

狐獴：在星夢森林劇場中，狐獴是受歡迎的動物明星之一。居住在森林和草原之間，與生俱來善於隱蔽的本能。狐獴的飲食來源相當多樣性，包括昆蟲、果實、小型哺乳動物等。為了照顧這些小動物，園區的飼養員需要定期提供適當的食物，同時確保牠們的居住環境適宜。狐獴是社會性的動物，經常聚集在一起生活。

可愛小明星-狐獴

大人小孩最愛-草泥馬

草泥馬：是另一個引人注目的動物，居住在星夢森林劇場的草原區域，這裡有著廣闊的空間供牠們奔馳。主要以草食為主，需要大量的食物來維持其高速的奔跑的體力。為了照顧這些動物，園區需要提供足夠的草地，以及準備大量食物，同時保持環境的清潔，確保牠們的飲食和生活需求。

梅花鹿：是優雅的生物，牠們經常在星夢森林劇場的林間穿梭。屬草食性動物，主要以草、葉子和嫩枝為食。梅花鹿通常是成群結隊的，喜歡聚在一起觀察彼此。園區為牠們提供了適當的生活空間，就像在自然的環境中活動那般敏捷與舒適。

柯爾鴨：是星夢森林劇場中，引人注目的水禽之一，擁有純潔白淨的美麗羽毛，以其獨特的外貌和生活習性吸引著遊客的目光。這些鴨子在園區的水域中展現著其優雅和靈活的特質，營造了一個充滿生機盎然的水生動物世界。

飲食方面，柯爾鴨主要以水中的昆蟲、小魚、水生植物等為食，牠們用其特殊的嘴部結構來捕捉食物。由於柯爾鴨是群居的動物，通常以小群體的方式生活，有助於彼此保護和溝通，呈現出豐富多樣貌的水鳥世界。

　　山羌：是一種野性十足的動物，牠們屬於草食性哺乳動物。在星夢森林劇場裡，山羌們在寬廣的草原上自由奔跑，展現著其奔放不羈的野性。園區提供有豐富的食物，讓山羌們能夠得到足夠的營養。這些動物在園區的生活環境中能夠盡情奔跑，彷若其在山野的自然行為。

　　佛萊明巨兔：作為星夢森林劇場中的特別居民，以其碩大的體型和迷人的外表，讓遊客們總是停下腳步駐足觀賞，這些巨大的兔子在園區中，儼然成了引人注目的亮點。

　　佛萊明巨兔起源於比利時，是備受兔迷喜愛的品種。牠們的體型相當碩大，成年兔子的體重可達7公斤以上，而優雅的外表和短而密的毛髮更增添了牠們的吸引力。特點之一是其寬闊的背部和強壯的四肢，看起來更加威嚴和雄偉。

　　飲食主要以草、葉子、水果等植物性食物為主。佛萊明巨兔需要定期的毛髮護理，以保持其外貌的整潔。生活習性溫和友好為特點。牠們性格溫馴，喜歡與人互動，也讓牠們成為了許多家庭的寵物首選。

陸地最大龜-雅達伯拉象龜

　　雅達伯拉象龜：作為星夢森林劇場的重要居民之一，為這個生態主題樂園增添了一抹神秘和壯觀的色彩。這些優雅的生物以其巨大的體型和獨特的外貌，讓遊客群引起了極大的關注。

　　雅達伯拉象龜主要生活在非洲的熱帶和亞熱帶森林、草原、沙漠等地區，牠們在星夢森林劇場的綠意環境中，成為一道令人驚嘆的風景。牠們是陸地上最大的龜類，成年的雅達伯拉象龜體長可達1.5至2米，重達200公斤以上，其壯觀的體型更是令人難以置信。

　　這些龜類以植物為主的飲食習慣，包括草、葉子、水果等。在飼養過程中也需要充足的陽光，以及適量的水源。優雅的巨龜以其緩慢而穩重的步伐聞名，生活在自己的節奏中。雖然牠們看似沉默寡言，但在自然環境中，常常會發出低沉的聲音，成為了牠們在群體中溝通的方式。

　　侏儒山羊：是迷人的小型家畜，原產於非洲。通常居住在山區或草原地帶，能適應城市和農村環境。飲食方面是草食性，主要以草、葉子、灌木和穀物為食。在飼養上，提供新鮮食物和乾淨飲水至關重要，並定期檢查其健康狀況。

　　這些山羊溫馴友善，個性聰明活潑，需要適當的運動和心理刺激。社會性強，喜歡與同伴互動，常組成小群體生活。然而，也需要人類陪伴和關愛，以建立牠們與人的信任關係。

　　侏儒山羊的特點是身材嬌小，毛色多樣，有長短不一的角。牠們的角色鮮豔，呈現出各種繽紛的花紋。這種山羊適應力強，更成為受歡迎的休閒寵物。

台灣原生種-梅花鹿

寵物星球頻道
PET PLANET NETWORK PEOPLE

超萌水豚皮皮的奇幻冒險

星夢森林劇場，不僅僅是一個闔家歡樂的動物農場，更是一處人類與大自然和諧共處的寶地。園區將壯麗的自然景色融合於動物飼養與保育之中，呈現出人類與動物共生的奇幻王國。而更讓它聲名遠揚的，是一名非比尋常的宣傳大使，一隻名為皮皮的水豚，我們何其有幸，深入這片如同世外桃源的動物園區，身歷其境融入皮皮的故事，探索星夢森林劇場的核心理念，以及水豚的迷人魅力。

會握手的水豚-皮皮

水豚皮皮的簡介：

皮皮，一隻可愛的水豚，年僅一歲，是星夢森林劇場中的明星。在2022年的中秋節誕生的牠，是三胞胎中的老三。與牠一同誕生的兩位兄弟是麥片與可可。在三胞胎剛出生不久後，工作人員留意到皮皮的生命力不如二位哥哥。雖然牠的活力不足，卻是受到工作人員更多的關愛和照顧。

星夢關愛的開始：

皮皮的成長故事充滿了堅持和愛心，在觀察了皮皮的狀況後，工作人員發現牠食慾不佳，在牠出生的第二天起，每四個小時，不分日夜進行人工餵奶，持續一個月，以確保皮皮得到足夠的營養。這份毅力和關愛讓皮皮逐漸恢復健康，開始茁壯成長。

皮皮獨特的個性：

皮皮的故事不僅體現了工作人員對動物的愛護，還展現出每個生命的獨特價值。雖然皮皮未能享用母乳，使得牠在體型上相對較小，但這並未影響牠擁有最親人的性格。溫馴友善的牠，對人類充滿好奇心，皮皮也是農場眾多水豚中，唯一會和我們握手的聰明水豚，這讓皮皮更受到遊客喜愛。牠更成為「星夢森林劇場」的主要水豚IP的命名靈感。

星夢人氣王-水豚與柯爾鴨

水豚的獨特魅力：

水豚是星夢森林劇場的驕傲，也是吸引遊客的一大亮點。這些活潑可愛的小動物在園區的水域，展現出自己的特殊個性。牠們半水棲，喜愛在水中游泳，這也是牠們最愛的水上活動。飲食方面，水豚主要以水生植物、水果和昆蟲為食，工作人員定期提供豐富多樣的食物，以確保牠們的營養均衡。

星夢森林劇場和水豚皮皮的故事，彰顯了對動物的愛與關懷，以及對自然生態的尊重。農場透過皮皮的成長歷程，向世人傳遞每一個生命都擁有無限的價值，值得我們用心守護。無論是這隻可愛的水豚，還是整個星夢森林劇場，都將成為我們關愛和尊重動物的寶貴範例。

90

侏儒山羊拿鐵 特殊歪嘴超吸睛

在星夢森林劇場園區，猶如大自然的心臟，讓人類與動物的和諧共處，打造成夢幻般的現實。一片隱身於自然美景中的奇幻園區，有著極具吸引力的主角，就是迷人侏儒山羊拿鐵。可愛的拿鐵吸引著遊客們的目光，成為最耀眼的焦點。牠的故事扣人心弦，侏儒山羊所展現的獨特性最為吸睛。

星夢首位明星-侏儒山羊拿鐵

拿鐵是年僅十個月的侏儒山羊，是星夢森林劇場的首位進駐明星。牠是農場中最初的來客，體現多樣特色的寵兒。拿鐵的名字源自於，牠頭上淺咖啡色與白色相間的毛皮，恰如一杯帶有奶泡的咖啡，因而得名。牠不僅是農場的最佳代言動物，更是農場團隊的驕傲。

做為農場中的第一批侏儒山羊，拿鐵可愛的身影，深深地烙印在開園歷史的記錄中。在舊園區時，牠以出奇不意的親人姿態，贏得飼育員和遊客的喜愛。亦步亦趨跟隨著飼育員的腳步，無論是天晴或陰雨，拿鐵總是陪伴在他們身旁，成為農場的最佳小伙伴。這種黏人特質，甚至贏得了「小園長」的雅號。

獨樹一格的拿鐵，莫過於牠那優雅的「歪嘴」。這種特殊的生理特徵，讓牠瞬間成為園區的獨特風景。這種不尋常的歪嘴狀態並未影響他的進食和身體健康，反而成為特色的象徵。拿鐵以牠獨特的外貌，詮釋著「不同才華，同樣出眾」的美麗哲學。

然而，生活中不盡如意的事也曾降臨在拿鐵身上。曾經，我們發現牠的精神狀態異常。當時立即將拿鐵送往台大獸醫院進行全面檢查，經過一系列的檢測，確定歪嘴並不會對健康造成影響。在醫生的建議下，工作人員更細心照料，經過一段時間後，拿鐵也逐漸恢復了平日的元氣和精神。

這個小小的故事反映出星夢森林劇場，對動物關愛的承諾與堅持。在園區，工作人員不僅永續維護自然生態的美麗，更傳遞人與動物和諧共生的理念。無論是走進動物的世界，探索大自然的奧秘，還是參與生態教育活動，每一步都體現星夢森林劇場的核心價值。

拿鐵的故事，就是星夢森林劇場的縮影。在這片靜謐的土地見證了牠的成長，也見證了農場的關愛與經營理念。在這裡，我們明白每一個生命都有著獨特的價值和美好。拿鐵的故事，在星夢森林劇場得到了完美的詮釋，牠既是寵兒，也是劇場的代表，更是融入大自然的可愛使者。

小園長拿鐵超級親人

經營費用與挑戰

經營大型生態主題樂園，需投資相當大的費用。負責人透露，目前每個月的經營成本高達150萬台幣以上。然而，為成本考量，他們一直在嘗試著優化人力配置，以達到撙節開支的效益。然而，這並不容易，園區需要專業的管理員、飼養員以及獸醫，專業人才的招聘和培養總需要耗費大量的時間與資源。

園區設置大人小孩友善設施

創新的經營模式

星夢森林劇場的營收主要來自門票收入，然而經營團隊也思考其他創新的多元化經營模式。園區計畫推出周邊商品的販售，並開發甜點、飲料等商品，以滿足遊客的需求。此外，園區還異業結盟合作民宿服務，提供遊客更多的遊憩選擇。

農場面臨專業的挑戰

園區內部的專業挑戰，首重之要是關注動物飲食起居的細節，這需要豐富的動物知識、照護經驗，與專業素養，有賴人力長期投入與累積。唯有專業的飼養知識，才能真正了解並回應動物的需求，這些對於園區的永續經營至關重要。

在農場動物的醫療議題上，負責人強調觀察動物的重要性，透過仔細觀察動物行為的變化，能夠及早發現可能存在的健康問題，進而採取適當的照護處理。他也坦言，這樣的能力需要長時間累積，這種觀察技

能亦需要長時間的累積和專業的指導才能夠掌握。

特別是大型動物，台灣更是缺乏相關專業人才。負責人指出，這使得確保這些動物的健康和福祉變得更具挑戰性。因此，園區不斷努力提升員工的觀察能力，確保他們能夠準確識別動物行為的細微變化。與此同時，為了解決這一問題，星夢森林劇場已開始與台灣大學的獸醫團隊合作，學習專業知識和治療技能。

為了確保動物健康和安全，園區積極尋找合適的駐場獸醫，借重他們的專業知識和技能。這種專業合作和不懈努力讓園區能夠應對動物健康方面的挑戰，讓每位可愛的萌寵居民都能享有最佳的照顧。

未來的展望

負責人希望能夠將星夢森林劇場的經驗與模式，複製到其他園區。然而，人才的缺乏才是最大挑戰。除了專業知識，愛護動物與照護耐心也是必備的首要條件。

在融合自然生態、動物保育和遊憩娛樂的過程中，星夢森林劇場面臨著不少的難題。然而，透過不斷的優化和創新，這個寵物樂園正不斷進化成一處充滿驚喜與知識的萌寵世界。

比利時巨大兔-佛萊明巨兔

星夢森林劇場打造萌寵IP 創造農場永續發展

美麗優雅的水中精靈-柯爾鴨

王聲文醫師領航
寵物長照與安養新潮流

台灣首創寵物安養機構，開創全球寵物行業先例的
「寵樂寵物醫院」，王聲文醫師引領寵物長照與安養的新潮流。

文/廖建榮　圖/寵樂動物醫院

小英總統親臨參觀
「寵樂長照身心樂園」

蔡英文總統(中間)親臨參觀寵樂長照身心樂園

王聲文醫師表示，寵樂寵物醫院不僅提供醫療服務，更著重於長照和安養的專業服務，讓飼主放心將愛寵交託。並且創新性地推出「寵樂長照身心樂園」專區，包括預防寵物醫學、寵物老年安養、寵物心靈照護、寵物營養保健等專業服務。

延請多位專家達人，提供各項服務和照護講座，包括：長照諮詢、中獸醫健檢、藥草球體驗、寵物心靈溝通、按摩舒緩、寵物營養諮詢、寵物行為、毛孩似顏繪、寵物塔羅、寵物造型攝影等服務。建構一系列遊樂設施，打造完美的照護環境，讓每一位毛爸媽，都能成為自己毛孩的心靈避風港，享受幸福與溫馨的旅程。

蔡英文總統曾親臨參觀「寵樂長照身心樂園」專區，對於寵物長照所受到的矚目與重視給予肯定。這反映寵物高齡化的趨勢，王聲文指出兩個重要訴求：寵物高齡化原因與寵物長照服務。

寵物高齡化主要由於動物醫療技術進步，和飼主意識抬頭所致，狗貓平均壽命的提高，帶來了健康問題的增加，導致失能、失智等問題日益普遍，因此寵物長照服務的需求持續攀升。

確保寵物的舒適和安全

王聲文強調：隨著飼主與毛孩共同成長，寵物飼主在高齡時期，會面臨各種問題包括：

1.長期照護需求：隨著寵物年紀增長，飼主需要更多的時間和精力來照顧牠們。對於長期失能或失智的寵物，日常生活需要特別的關注和護理。

2.醫療保健挑戰：高齡寵物可能面臨慢性疾病和健康問題，如關節炎、心臟病和腎臟問題。飼主需要定期帶寵物接受醫學檢查和治療。

3.心理照顧需求：失智和失能的寵物可能感到焦慮和困惑，飼主需要提供溫暖和支持，並與牠們建立穩定的情感聯繫。

4.生活環境適應：高齡寵物可能需要更加舒適和安全的生活環境。飼主需要適時調整居住友善空間，以確保寵物的舒適和安全。

寵樂寵物醫院成立至今，仍持續投入大量資金，提供良好的住宿環境、完善的醫療設備和充滿愛心的工作人員，不遺餘力確保寵物得到最好的照顧。一直以來不斷致力於提供專業、貼心的寵物長照與安養服務，其優勢與特色更是為台灣的寵物飼主們，帶來極大的便利和放心，致力於讓每一位毛孩都能養得透徹，活得快樂。

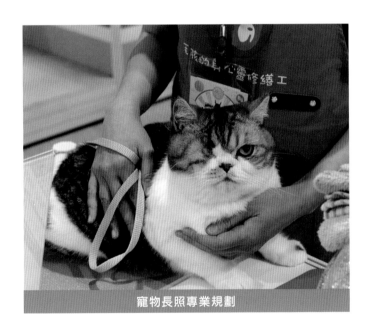
寵物長照專業規劃

為更多毛孩帶來幸福與健康

寵樂寵物醫院的長照身心樂園專區不止設施齊備，專業多元。醫院內除了一般動物醫院標準設備外，更引進了高壓氧、水療機和四級雷射等。對於老年寵物的治療與復健機器設備，透過這些尖端技術的應用，可有效幫助老年寵物舒緩疼痛、促進血液循環，進而提升牠們的健康品質。

此外，在設計療養環境時，特別關注狗貓的行動安全，藉由引進「寵物防褥瘡墊」和「寵物防撞擊墊」等配備，確保長期臥床的寵物不受褥瘡影響，同時避免撞擊造成的傷害。

王聲文表示：在招募工作夥伴時，堅持對熱愛寵物的員工，提供優渥的薪資福利，並定期邀請專家達人來院授課，以提升員工的專業素質。建構真心熱愛寵物、具有專業知識和豐富經驗的團隊。醫療團隊包括獸醫師和長照人員，分工明確共同負責老年狗貓的診療和照顧，為每一位寵物提供量身訂製的照護方案。

創辦初衷是為了解決台灣社會中老年犬貓，日漸增加的問題，讓寵物在晚年享有優質的安養環境。在寵物高齡飼主所遇到的問題中，寵樂寵物醫院優勢勝出，提供完善的醫療保健、心理照顧與適應生活環境等綜合服務，讓飼主無後顧之憂地將愛寵託付給專業團隊，同時確保寵物能在愉快、安全的環境中度過晚年。

寵樂寵物醫院的成立與成功，凝聚了王聲文及全體團隊的心血與堅持。未來，他們將繼續引領台灣的寵物長照與安養潮流，為更多的毛孩帶來幸福與健康。寵樂寵物醫院的創新與努力，必將為全台灣的寵物家庭帶來更健康美好的願景。

王聲文醫生(左)畢生致力於寵物的幸福與健康

王聲文醫師的個人簡介

- 屏東科技大學獸醫系
- 輔仁大學宗教學研究所碩士
- 康寧動物醫院院長
- 寵樂動物醫院顧問
- 中華獸醫師聯盟協會理事長
- 台北市獸醫師公會理事及常務理事
- 台灣各獸醫協會、公會顧問
- 東西部小動物臨床獸醫師大會年度貢獻獎
- 東西部小動物臨床獸醫師大會皮膚病講師
- 大陸維克、拜耳、碩騰、大華農、格德海、
展鵬、各協會及各公司皮膚病講師

寵樂醫院聚集最佳團隊打造寵物長照未來

慈愛動物醫院
全方位的毛小孩守護者

慈愛動物醫院為全國最大連鎖之國際化大型寵物醫院，國內第一個發展連鎖獸醫院，全亞洲第一個取得ISO國際認證的動物醫院。擁有17間分院，其中包含3間可提供24小時專業醫療急診服務，70位以上專業醫師團隊，一同守護毛小孩健康。

文/錦兒　圖/慈愛動物醫院

全台首創全年無休24小時服務

慈愛動物醫院設立於1988年，35年來秉持慈愛的精神，像對待家人一樣，盡心守護每位毛小孩的健康。1997年全台首創，全年無休，第一間24小時寵物醫療服務中心。隨時面對各種緊急狀況，把握黃金救援時間，讓生病的毛小孩及時接受專業照護。

經營理念為：專業技術、服務親切、品質第一。結合了專業動物醫療體系，與精緻美容部門體系，全力朝向寵物服務等，所有相關國際貿易業務方面做專業拓展，營運市場後勢相當看好。

慈愛動物醫院，擁有千萬級的醫療設備與先進器材，包括數位X光機、數位影像系統、高階彩色顯影

超音波、心電監測系統、全套血液檢驗設備、洗牙工作站、麻醉機工作站、生理監視系統、電刀內視鏡、ICU加護病房、血壓計、專業診療間、專業手術室、提供一般內外科疾病診治、重症手術、寵物復健治療、預防疫苗注射、血液生化檢驗及定期健康檢查⋯⋯全面性的醫療服務。

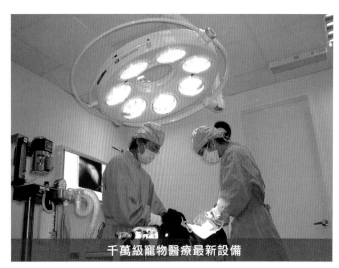

千萬級寵物醫療最新設備

給心愛的寵物完善照顧

慈愛動物醫院臺北總院，24小時的犬貓醫療及寵物百貨服務，平日不休息、假日不打烊。不論是白天走過路過，或是半夜緊急時刻，隨時提供專業的醫療知識、技術以及多樣百貨商品。

專業技術、服務親切、品質第一

慈愛動物醫院的產品、服務包括：

1.寵物醫療：目前在台北、台中、台南以設立24小時醫療服務，且在2012開設寵物專科醫療服務，鄭迎上網查詢相關服務。

2.寵物百貨用品：本公司致力服務廣大用戶，網羅目前最潮、最新、最流行的寵物商品。

3.專業寵物藥品：本公司提供專業諮詢服務，一般寵物用藥不用擔心，還可以依據您的寵物特性，協助您選擇最適合的商品。

4.寵物美容：本公司目前各院店均提供最專業的寵物美容服務，並設有寵物美容訓練中心及研習中心，提供您最專業美容服務。

專業：

超過 70 位通過國家考試合格獸醫師，於全台各分院提供飼主與寵物完整多元的醫療服務。除了醫療專業以外，慈愛更是注重管規範、管理效能以及服務品質的提升。

服務：

2005年成立「財團法人慈愛動物福利基金會」，每年舉辦多樣的公益活度向社會大眾加強宣導動物福利觀念，落實地區關懷、並提供動物照護與生活品質提升相關資訊。

品質：

多年來持續通過國際ISO及台灣GSP的認證，以確保管理與服務品質的水平與一致性。有鑒於落實企業社會的必要性，除了與政府及民間團體共同合作推動多項提升或改善動物生活或醫療品質的計畫。

完善的團隊 給予寵物全方面的服務與照顧

慈愛動物醫院進駐東森廣場

東森購物打造全新複合型商場「東森廣場」，東森寵物亦是台灣最大的寵物連鎖店，目前在全台擁有127家門市，是台灣寵物連鎖店市場的領先品牌。

於2022/12/15日熱鬧開幕，慈愛動物醫院進駐東森廣場開設分院。台北總院長陳俊達表示，慈愛動物醫院在既有13間院所基礎下，與東森合作在新北開出第14家分院，耗資千萬建置醫療設備，結合商場寵物專區，可為寵物飼主提供一條龍服務。

慈愛動物醫院，帶著熱愛動物的精神，用心對待每一位毛主人跟寵物，希望能將專業轉化成毛主人的幸福。與東森寵物、臺灣大學及知名生技團隊，積極合作開發寵物保健品。以科學為根基，幫助毛孩高效補充營養。

慈愛動物醫院結合東森集團的資源，發展全方位寵物醫療事業，共同推廣研發優質商品、強化專業醫療服務品質、並透過 ETtoday 新聞雲全力宣傳，成為「台灣動物醫院第一品牌」。將持續運用東森集團資源，全力優化線上預約系統，舉辦全台巡迴到府健檢，多元化經營寵物健康照護，結合商品、商場與專業醫療等。

為飼主與毛孩打造幸福健康生活，慈愛動物醫院是台灣寵物醫療市場領導品牌，致力提供最好的寵物醫療保健服務，並堅持慈愛為宗旨。除提供完善的現代化設施和專業醫療服務，醫療團隊並不斷進行技術研發和推廣，提高醫療水平和服務質量，更以關懷、負責、創新的企業理念，贏得眾多寵物主人的支持和認可。

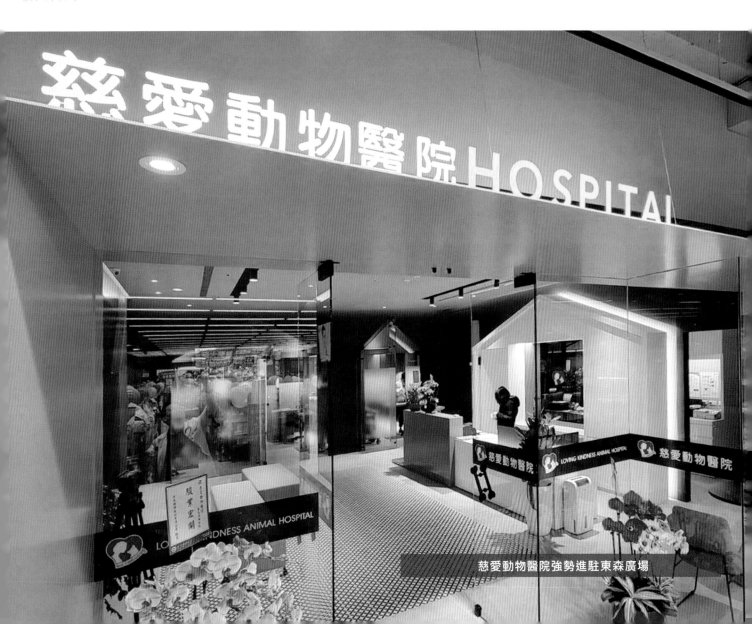

慈愛動物醫院強勢進駐東森廣場

2024最夯寵物健康
有形與無形照料

一想到寵物健康，飼主往往憑藉著自己在網路上的爬文，選擇可能適合給毛孩的營養品，又或是一遇到任何問題，就往獸醫院送。

文・圖/王鼎琪

這幾年隨著自然醫學趨勢的崛起，人們慢慢尋求醫藥、打針、手術以外的方式來提升自癒力，學會懂得諮詢營養師、健康管理師、心理諮商師、靈性導師、甚至願意瞭解科學、哲學以外的玄學與畸學，尤其在查詢不明原因之時。

2024年即將進入九紫離火運的時代，華人一向重視星象、運勢與氣息，除了本我的努力，也渴望得到天時、地利、人和之便，人有的物質與精神食糧，給寵物的也不可少。尤其在精準健康與自然療癒的趨勢到來，在人所廣泛運用的純氧與高壓氧機的綜合效益上看見寵物的需要，接下來運用天然的健康飲食配方飼料與鮮食、寵物的體適能指導與訓練、還有創造自然無毒的環境與用品給毛孩將是趨勢。

人寵使用律動儀

人寵高壓氧艙

寵物高壓氧就是將毛孩放置於寵物專用高壓氧艙內，讓毛小孩透過高壓倉呼吸到100%的純氧。高壓氧對於提升毛小孩體內組織的含氧量有可能的幫助，因為人寵都需要血液循環的促進，大家都希望體內毒素可以排除，有效消除水腫等組織腫脹之症狀。藉由寵物高壓氧，血管的新生與傷口加速癒合的可能性、增強體內中性白血球之殺菌能力，癒合的頑固性傷口，都可以在文獻上看到許多。高壓氧雖有其效能與趨勢，建議使用前還是可以諮詢毛孩的家庭醫師，問問是否有不適切性與需要預防的部分。

除此高尚的享受與保養健康外，寵兒飼主也在尋求一些精神上的慰藉，例如幫自己點光明燈時，也幫寵物點燈，幫自己禱告祝福時也幫寵兒禱告，而新興崛起的一種服務叫做寵物生機或是先機。寵物與飼主的前世今生、今世今生、今世來生的輪迴、身體與心靈基因、甚至到寵物的常態與返態，與飼主的命運都有其牽連性。造生機或是先機，或許有助於知解前世今生、和解緣分、協助富貴長春、進而祥其靈沐其光、復其生旺其運。人寵的相遇希望借助生機先機，在此世共生、共學、共修而圓滿。

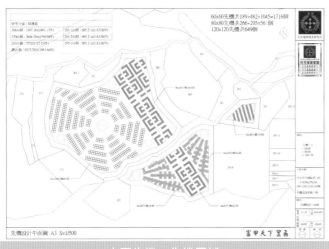

人寵生機、先機區域

甚至，現今寵物與農業時代的寵物是不一樣的，現在寵物在主人心中的份量，會希望牠身體健康、平安順利而傾向事先的預防勝過事後的照顧。所以也會協助寵物們造先機脫劫數，造生機保護健康、造炁機做替身……等等。這是中國千百年的道家之術，也是2022年諾貝爾得主所談的量子能量場、地氣地運與天地運轉頻率共振與反射的概念。運用能量好、磁場好、風水好的地利地氣之勢，轉化到我們生物個體產生共振輔助、有造福之力的概念。而造生機先機就是彌補有形與無形的不足，類似改變磁場能量、提升生命力，有助於福份與靈性的增長，人寵是可以視情況嘗試的。

比較論

編號	先機	生機	蠱機	炁機
（一）	：	：	：	：
（二）	脫凶	運天	轉天	解困
（三）	脫劫	運地	轉地	解迷
（四）	脫禍	運人	轉人	解惑
（五）	脫難	運淵	轉淵	解狐
（六）	脫災	運源	轉源	解狸
（七）	脫變	運桎	轉桎	解魘
（八）	脫瘟	運梏	轉梏	解魑
（九）	脫壞	運運	轉運	解魍
（十）	脫死	運命	轉命	解魅

比較論

編號	先基	生基	蠱基	炁基
（一）	：	：	：	：
（二）	基命	基運	基轉	基嘩
（三）	基星	基魂	基換	基吶
（四）	基宿	基魄	基蠱	基嗦
（五）	基斗	基德	基乾	基懿
（六）	基東	基道	基坤	基明
（七）	基西	基佛	基陰	基暗
（八）	基南	基仙	基陽	基冥
（九）	基北	基密	基罡	基內
（十）	基中	基咒	基封	基外

▓先先真命世界寵物先機生機蠱機炁機煞機・本機機▓

（一）	主以本世界	±（1～111#）∓	（十一）	主以本炁機	±（1～111#）∓
（二）	〃〃		（十二）	〃〃	
（三）	主以本寵物		（十三）	主以本煞機	
（四）	〃〃		（十四）	〃〃	
（五）	主以本先機		（十五）	主以本鑫機	
（六）	〃〃		（十六）	〃〃	
（七）	主以本生機		（十七）	主以本鑫機	
（八）	〃〃		（十八）	〃〃	
（九）	主以本蠱機		（十九）	主以本勁機	
（十）	〃〃		（二十）	〃〃	

先天密碼圖

毛孩的幸福天堂
大直英迪格酒店寵物派對

現代生活中，下午茶已經成為一種極受歡迎的休閒方式。然而，當這個悠閒時光能夠與心愛的毛孩一同分享時，便成為了一項更加難得且愉快的體驗。

文·圖/大直英迪格

寵物友善餐廳-大直英迪格酒店

在台北，有一家獨具特色的酒店，即大直英迪格酒店，提供了一個獨特的寵物友善體驗，讓飼主與他們的毛孩一同享受星級下午茶派對。

毛孩的受歡迎度日益攀升，這背後蘊含著無限的商機。2023年3月，大直英迪格酒店舉辦了一場星級【毛孩午茶派對】，邀請了50對飼主和他們的愛貓愛狗，共同享受獨特的下午茶體驗。活動的參與度之高，令人驚訝！10天的售票期內，門票早早售罄，這更印證了毛孩市場的潛力。

【毛孩午茶派對】在大直英迪格酒店的4樓sneaK-Out BAR 寵物友善戶外酒吧舉行。在這個美好的週日午后，飼主們與他們的毛孩不僅可以品味精緻的下午茶，還有專為寵物準備的美食，以及毛孩舒壓專家張維誌老師的現場指導，教授毛孩們5大按摩技術，從觸摸到輕撫，幫助牠們減輕焦慮，提高自信，實現主人和毛孩的和諧相處。

在活動中，毛孩們有機會品嚐星級美食【威靈頓鴨胸】套餐。而主人們可以享用sneaKOutBar下午茶，其中包括焦糖布蕾、巧克力紅絲絨蛋糕、法式手工香腸鹹派等美食。一般情況下，我們會在家中和毛孩一同進食，但是在大直英迪格酒店，主人和毛孩可以一同享受下午茶派對，這對毛孩來說是一個特別的體驗，牠們可以跨越家庭舒適區，學習在室外用餐，與其他毛孩互動，結交新朋友，擴展視野，不再受限於家中、公園或運動場。

在這裡，飼主和毛孩們可以自在享用美食，享受專屬寵物跑跑草地區，參加抽獎活動，增加知識，並與其他飼主和毛孩互動，營造歡樂的氛圍。

與寵物一同享受悠閒生活

毛孩的味蕾之旅
飼主和毛孩的特別下午茶體驗

大直英迪格酒店的sneaKOut BAR寵物友善酒吧，設有專屬寵物跑跑草地區。為了迎合毛孩的需求，酒店提供了犬貓專用的鮮食、飲用水、寵物餐盤、水碗和狗便袋，即使忘記攜帶，酒店內也有販售這些必需品。

一位參加派對的飼主分享了他的感受：「在大台北，可以帶著毛孩一同用餐的星級酒店不多見，能夠帶愛犬出來玩，享受飯店提供的寵物鮮食，真的是一種幸福。」台北大直英迪格酒店的總經理胡愛偉表示，【毛孩午茶派對】的受歡迎程度超出了預期，因此他們考慮未來將定期舉辦類似的活動，預計將有越來越多的客人，帶著寵物前來享受美好的用餐環境。

在這次活動中，大直英迪格酒店與寵物鮮食專家"汪事如意"合作，獨家提供毛孩鮮食【威靈頓鴨胸】套餐，這道美食鮮嫩多汁，足以令任何挑嘴的毛孩愛不釋口，他們不需要主人一再催促，一口接一口享受美味。

這些毛孩鮮食經過新鮮處理和殺菌處理，並添加了葉黃素，使腸胃更容易吸收，同時提供了豐富的營養。外形可愛，令人喜愛，每一口都能帶來滿足。

食材的精心挑選可以滿足所有挑嘴的毛孩，讓他們的腸胃更容易吸收，同時提高免疫力。使用新鮮的雞肉原肉搭配五種新鮮蔬菜，提供豐富的蛋白質和維生素。

毛孩們可以自由享用鮮食，同時還有現場歌手的現場表演、草地跑跑互動和立體打卡點，以及豐富的抽獎活動，為飼主和毛孩們帶來愉快的下午時光。

大直英迪格酒店屬於洲際酒店集團旗下的精品酒店品牌，該品牌注重設計和時尚，同時提供商務和休閒旅客所需的設施。每家英迪格酒店都獨具特色，充滿當地文化和設計靈感，為賓客提供了獨特的城市探索體驗。

大直英迪格酒店的寵物友善酒吧提供了一個讓飼主和毛孩們一同享受下午茶和美食的場所，同時擁有專屬的寵物跑跑草地區，這種獨特的體驗使其成為台北地區一個難得的寵物友善場所。這樣的活動不僅滿足了毛孩的味蕾，還加強了飼主和毛孩之間的情感連結，帶來樂趣和回憶。

大直英迪格酒店-4樓戶外區設置寵物互動專區

步調飛快的時代-gonnaEAT
「陪伴」成為重要的情感體驗

你曾經有過令你疼愛的毛小孩嗎？還是牠現在就在你身邊呢？無論是貓咪還是狗狗，牠們總是帶給我們許多歡樂和溫暖。雖然不能說話，但牠們的陪伴卻是最真摯的，用自己的方式來表達對我們的關愛和支持。

文‧圖/雄獅集團

gonnaEAT人與毛小孩的共享天堂

寵物友善餐廳是近年來興起的新餐飲概念，可以讓顧客與毛小孩一同外出，享受舒適的用餐環境。另外，現代人的生活節奏快速，毛小孩可以更容易地適應主人的生活節奏。作為新興的消費趨勢，「寵物友善」餐廳也有越來越受歡迎、愈來愈普及的趨勢。現代社會的價值觀也在轉變，應對多變快速的社會，人們對家庭、職業生涯的看法越來越多元，而且生活方式也越來越注重個人的選擇和自由。

寵物與主人之間的關係很親密，不少人將毛小孩視為家庭成員，隨著台灣飼養寵物的比例攀升，「寵物市場」成為新興商機。因此許多人選擇養寵物作為陪伴和療癒的對象，但無論是養寵物還是生小孩，都是需深思熟慮的決定，同樣重要且都是家人。並且能夠為我們帶來真正的幸福和滿足。

跟隨趨勢步調 完善的寵物友善體驗

gonnaEAT為2017年創立於內湖的地中海飲食餐廳，以Slow Fast Food快速慢食，詮釋"Eat Healthy Stay Happy"的品牌精神，希望全家人都適合且能品嚐我們的料理，在gonnaEAT這樣舒適、活潑且陽光的環境，持續創造和留下美好回憶。

gonnaEAT在2023年已拓展至外縣市營運，全台共有6間門市，為了顧及所有用餐的客人，我們精選了3間空間寬敞、通風，適合毛小孩活動的門市：gonnaEAT內湖旗艦店、gonnaEAT竹北享平方店、gonnaEAT桃園華泰店，開放寵物友善。提供所有客人最好的用餐品質和享受。

另外，雄獅集團旗下餐飲品牌，還有咖啡廳一光一，同樣是寵物友善餐廳，目前有兩間據點:光一肆號、光一一個時間。

光一肆號：原址為台大教師宿舍，將日式老屋翻新，保留原有屋頂結構和屋瓦構造，再藉由環繞的透明玻璃讓明亮光線透入整體空間。

光一一個時間：於2022年12月開幕，位於擁有超過80年歷史的松山文創園區歷史建物「育嬰室」，過去是提供松山菸廠員工的孩童休憩、遊玩的場所，經過一年的修復，展現質樸原始色彩和現代的結合，搖身變成為嶄新的復古咖啡廳。

Great Food/Share Love/Second Home是光一的品牌初衷。透過用心製作的餐點,分享愛,成為所有登門蒞臨的顧客第二個家。光一品牌各店皆選址於老屋空間,結合多處的玻璃、窗戶空間,使綠意和陽光映入眼簾,營造顧客和毛小孩都能強烈感受「自在得宜」的氛圍。

「帶給顧客最舒適的用餐環境」,是gonnaEAT和光一咖啡共同追求的願景。儘管兩品牌風格迥異,gonnaEAT以美式歡樂見稱,光一咖啡則散發陽光清新氛圍,但皆有幾個共同點:「舒適」與「快樂」。對我們而言,來用餐的每位客人,不只是以「人」為本,而毛小孩也是我們重視的,就像寵物主人珍視毛小孩如家人,我們也同樣用心對待這些毛小孩。對於主人來說,這些寵物同樣具有家人般重要性,這些毛小孩也是值得細心照顧的重要顧客。

用心對待每位顧客與毛小孩

gonnaEAT和光一咖啡的寵物友善規範分為3點進行:

1.請全程安置在寵物推車或包包中,並將上蓋完整蓋上,不讓毛寶貝落地,不放在桌椅上、毛髮不外露。

2.考量到用餐的衛生,請勿讓毛寶貝使用店內餐具。

3.若毛寶貝有情緒起伏狀況,請至店外安撫後再入內。

現代社會中,餐廳經營多元化,如同現代人般,兼顧多重角色。所有餐飲品牌都希望提供完善且多元友善的用餐環境。而雄獅集團旗下的gonnaEAT和光一咖啡,不斷與時俱進,致力提供溫馨、友善、多元的用餐氛圍。寵物友善餐廳不僅帶給客人美食體驗,更希望成為主人和毛小孩之間共同細膩溫馨時刻的見證。

期盼讓所有毛小孩主人能夠自信宣示「今天,我和我的毛小孩有約!」與親愛的寵物共同蒞臨gonnaEAT和光一,共享美好時光。

提供溫馨、友善、多元的用餐氛圍

寵物友善「心」法則 舒適用餐環境

gonnaEAT和光一咖啡的「寵物友善」服務,顧名思義,寵物友善餐廳主要特點就是可以讓顧客帶上心愛的毛小孩進入餐廳用餐,為了平衡所有顧客以及毛小孩們的安全與權益,也會制定相關條規,盡可能地帶給所有人最自在的用餐環境。

和毛小孩有約,享受與飼主的美好時光

鹿和訓犬學校
負責任的寵物飼養

「現代人把狗當寵物養，但不能只寵卻不教。」已有20年以上訓犬經驗的楊暐楨（人稱鹿大），是鹿和訓犬學校的校長。

文/Lucas 圖/鹿和犬訓學校

20年訓犬專家-楊暐楨(鹿大)

寵物教育和訓練的正確做法

鹿大校長楊暐楨說：寵物飼養過程中，一些主人常常忽略了對寵物的教育和訓練，使其產生各種問題行為。例如狗亂咬東西、到處大小便、與其它狗打架等。過度溺愛不是對待寵物的正確方式，需要建立起負責任的飼養觀念。

可愛的毛孩們常常給主人，帶來各種困擾和挑戰。資深寵物訓練師，以豐富經驗提供實際案例，與解決問題的建議。

1.「家裡的兩隻狗狗，常常互咬受傷。」

這種行為通常是由於狗狗之間，建立了一種競爭和優先權的關係。解決的關鍵在於，重新建立狗狗之間的階級和平衡，主人需要學會提供適當的指導和規範，確保狗狗之間的相處和諧。

2.「我的狗狗摸一摸後，就會攻擊我。」

這種攻擊行為可能是由於狗狗，對觸摸敏感或害怕的反應。解決的方法是逐步習慣狗狗被觸摸的感覺，主人可以從輕輕觸摸開始，並搭配正向的獎勵和鼓勵，逐漸減少狗狗對觸摸的負面反應。

3.「客人進來家裡時，狗狗一直吠叫不停。」

這是養狗狗常見的問題，建議主人要先從基本的禮貌訓練入手，讓狗狗學會待命和控制吠叫的行為。飼主可以提前與客人溝通，要求他們在進門時保持冷靜和安靜，減少狗狗的焦慮和興奮。

教育人與寵物正確訓練做法

4.「每天早上起床後,看到狗狗籠子裡都是大便。」

可能是因為狗狗在夜間,無法控制排泄的行為,或是不適應籠子的環境。飼主應該確保狗狗有足夠的運動和排便機會。

5.「愛犬有分離焦慮,只要看不到主人就一直吠叫不停。」

建議飼主進行分離焦慮的訓練,讓狗狗逐漸習慣獨處的狀態。提供一個安全和舒適的環境,給予特定的區域或安撫的玩具,可以幫助減輕分離焦慮。

6.「愛犬洗澡時會攻擊美容師。」

建議美容師在洗澡前,先與狗狗建立起信任和良好的關係,使用正向的訓練方法和適當的獎勵,幫助狗狗建立起對美容過程的正面聯想。

7.「牽愛犬出門散步,是狗牽主人跑。」

狗狗缺乏基本的牽引訓練和紀律,主人應該使用適合的牽引工具,如頸圈或胸背帶,讓狗狗明白牽引的意義和方式。

8.「出門散步兩個小時都不上廁所,回家後馬上在籠子裡尿尿大便。」

因為狗狗在散步時,可能是環境不熟悉,或者牽引時間不夠。建議主人在散步前,先確保狗狗有足夠時間,在熟悉的環境中進行排便。

寵物的脫序行為是可被教化的

愛犬教育 因材施教

因材施教 獎懲分明

鹿大提醒飼主要關注狗狗的健康狀況,包括適量的運動和均衡的飲食。過度肥胖不僅會對狗狗的健康造成負面影響,還會影響其行為和活力水平。定期的體檢和健康管理,是維持狗狗幸福和健康的關鍵。

「狗狗就像小孩子一樣,教育愛犬要讓牠知道什麼是規矩,定出一套遊戲規則,許多飼主在遇到狗狗不聽話,或做出不當行為時,常以責罵或懷疑的眼神對待牠們,卻忽略提供正確指導和建立清晰的規則。」鹿大說。

愛犬教育訓練,應該因材施教,當出現壞習慣的時候,要立刻制止牠,一有改善時就給予鼓勵。鹿大強調:教育原則就是「獎懲分明,堅持到底,不能妥協」。每一犬隻都有其獨特的個性和行為特點,因此,訓練方法應該因犬隻而異。建議飼主要深入了解自己的愛犬,包括其品種、背景和性格,並根據這些因素制定適合的訓練計劃。訓練犬隻是一個漫長且耐心的過程,需要飼主持續的努力和毅力。

鹿大表示:訓練狗狗的方式,無論是小型犬還是大型犬,基本的訓練原則都是相同的。包括建立關係、教授基本指令和糾正不良行為等。最難教的狗狗,是那些帶有壞習慣的犬隻,愛吃的狗狗容易接受訓練。美食與零食是一個有效的獎勵工具,可以用來加強正確的行為和指令。

養不教父之過　教不嚴師之惰

　　要求愛犬在進食時中，聽從指令的重要性。訓練牠聽從指令的方法是，確保愛犬熟悉基本的指令，例如「坐下」和「臥倒」。進食時的禮儀教育，要求愛犬展現良好的吃飯行為，有吃相、不搶食，以及保持冷靜和安靜的態度。

　　鹿大指出，亂吠叫可能是因為狗狗，缺乏適當的訓練或者處於焦慮狀態。這種行為不僅對家庭成員造成困擾，還可能引起鄰居的不滿和投訴。如果狗狗對家人或陌生人，表現出攻擊性，這不僅對家庭成員的安全構成威脅，還可能對社區產生危險。在這種情況下，寵物訓練師可以評估狗狗的行為，並制定相應的訓練計劃，幫助狗狗克服攻擊行為，建立更穩定的行為模式。

　　寵物訓練師對待愛犬的訓練，要將狗狗當成是對自己孩子一樣的要求，讓愛犬具備良好的品性。作為狗狗的教育者，寵物訓練師擁有專業的知識和技能，可以根據每隻狗狗的品種、性格和特點，制定出適合牠們的訓練計劃。

　　了解狗狗的行為原理和心理需求，並能夠使用適當的訓練方法和技巧來引導狗狗。寵物訓練師不僅要教導狗狗基本的指令，例如坐下、臥倒等，還需要幫助狗狗建立良好的社交能力，控制不良行為，以及培養良好的生活習慣。

　　鹿大送給飼主們的話：「養不教，父之過，教不嚴，師之惰。」訓練的重要性，不僅是為建立一隻聽話的犬隻，更為加強飼主和愛犬之間的關係。透過正確的訓練，犬隻能夠更好地適應家庭生活，並成為忠實的伴侶。

鹿大：養不教，父之過，教不嚴，師之惰

薰衣草森林寵物友善園區
療癒繡球美景與毛小孩共樂

來來來～～愛狗人士看過來，小編在這邊大聲喊：「我們的薰衣草森林園區，可以帶狗狗入園喔！只是如果有要進到餐廳用餐，記得要用牽繩繫好狗狗……」

文‧圖/吳依真

在薰衣草森林穿梭浪漫花球世界，闖入似阿凡達奇幻旅程。浪漫繡球花傘，不論晴天雨天，都讓如詩如畫的繡球相伴。歡迎您一起與您家的寵物，來薰衣草森林享受浪漫之旅。

薰衣草森林-浪漫世界

兩座森林不同場景與愛寵創造美好回憶

薰衣草森林以善意出發，打造山林裡的美學休閒園區，希望與環境、土地共好，也與寵物共好，讓旅人與寶貝寵物旅行後，收穫美好回憶。

薰衣草森林目前共有兩處，台中新社店和新竹尖石店。台中新社店是夢想種子萌芽的發源地，園區植物種類繁多，還有遍布山丘搖曳的花田、曲徑深幽的林境。散步森林彷彿走在大自然，為旅人策畫的無牆

美感空間，讓人沉浸療癒環境，感受愜意放鬆氛圍，實現心目中美好生活的模樣。

這兒是寵物友善園區，廣大的戶外空間，最適合帶寵物欣賞沿途美景，緩坡向上登上許願樹所在地。還可以眺望遠山風光、俯瞰花田，收錄不同視野風光。

新竹尖石店則擁有群山環繞油羅溪的美景，佇立於雲深縹緲中，遠眺雪山山脈與潺潺油羅溪，彷彿走入清新脫俗的美麗之境。盡情享受大自然寬廣青翠懷抱，忘卻都市煩憂，沉浸最療癒的時光。此處整體戶外空間坡度平緩，還有寬廣的草地，最適合帶毛小孩們，來這裡進行旅遊、活動、聚會交流。

有許多毛小孩團體，搶著預約森林咖啡館包場，把握與團友、寵物開心歡聚同樂時光。薰衣草森林的用餐空間，均可以帶寵物入內，只要注意將牠們依靠腳邊，以繩或提籃、推車安置，不影響到其他客人用餐即可。

好似闖入阿凡達奇幻旅程

花好時節絕美景緻　繡球綻滿園開

　　每年的四到六月，是森林繡球盛開的花慶典，一瓣一瓣小花萼成圓滿的花，象徵著美滿、永恆的浪漫花語，期待著與旅人們在森林相見團聚。此時節走訪園區，不但可以和熱情奔放的繡球花拍美照、玩全台唯一浮水詩籤、還能品嘗焗烤鮮蝦菠蘿球。

　　繡球花節森林和YOU+MORE合作，選用來自日本FELISSIMO品牌的生活質感選品—繡球花傘，無論晴天雨天，都讓繡球在你的天空盛放！只要來薰衣草森林消費滿額，就可以用優惠價把美麗的傘帶回家。最美、最好玩的都在薰衣草森林，絕對值得您和寵物來造訪。

花節絕美景緻　一生必去

與寵物一同進入浪漫花草森林

　　許多飼主帶著寵物，來到位於新社的「薰衣草森林」走走。飼主們說：這裡很適合情侶約會、家庭郊遊、網美打卡、毛孩走跳奔跑。很喜歡園區因應花季，會有不同的主題，園區常辦一些DIY手作、大自然漫遊等活動，剛好是繡球花盛開，賞螢火蟲的季節，沿著路在園區漫步，兩旁有好多花草跟佈景，怎麼拍都好美！

　　更讓人開心的是，門票150元，可以抵100元消費。買點香氛小物帶回家，或是坐下來用餐、吃個下午茶都很棒。甜甜小時光下午茶，期間限定繡球花夢幻甜點，等你品嚐。

　　薰衣草森林是沒有牆的美術館，人回到森林，才能找到自然的根，才能成為真正的人。帶著您的愛寵在此安靜下來，好好享受片刻寧靜。張開雙耳您會聽見，風裡飄著樹的對話，擁抱森林就像擁抱母親一樣。

智慧型立体學習出版&培訓集團

結合出書與賺錢的全新商業模式
一石三鳥的絕密BM，成就你的富裕人生！

01 被動收入

自己就是一間微型出版商，取得出書經營權，引薦越多人，收入越可觀！

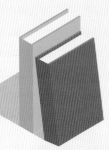

出書 1+1 02

第1本書，與知名作家合出一本書；第2本為自己著作，坐擁版稅，成為暢銷書作家！

03 高CP值

讓你邊學＋邊賺＋出書＋拓人脈＋升頭銜，成為下一個奇蹟！

智慧型立体學習體系，
首創 EPCBCTAIWSOD 同步出版，
也是兩岸四地暢銷書製造機，
如今最新邊學邊賺 BM，
不僅讓你寫出專業人生，
還能打造自己的自動賺錢機器！

目標 行動
智慧 資源

以書導流
以課導客

📞 服務專線：02-**82458318**

📍 地址：台灣新北市中和區中山路二段 366 巷 10 號 3 樓

真讀書會
生日趴 & 大咖聚

真讀書會來了！解你的知識焦慮症！

　　在王晴天大師的引導下，上千本書的知識點全都融入到每一場演講裡，讓您不僅能「獲取知識」，更「引發思考」，進而「做出改變」；如果您想體驗有別於導讀會形式的讀書會，歡迎來參加「真永是真・真讀書會」，真智慧也！

2024 場次	2025 場次	2026 場次
11/2（六）	11/2（六）	11/7（日）
13:00~21:00	13:00~21:00	13:00~21:00

📍 地點：新店台北矽谷國際會議中心
（新北市新店區北新路三段 223 號捷運大坪林站）

立即報名

★ 超越《四庫全書》的「真永是真」人生大道叢書 ★

	中華文化瑰寶 清《四庫全書》	當代華文至寶 真永是真人生大道	絕世歷史珍寶 明《永樂大典》
總字數	8 億 勝	6 千萬字	3.7 億
冊數	36,304 冊 勝	333 冊	11,095 冊
延伸學習	無	視頻＆演講課程 勝	無
電子書	有	有 勝	無
NFT＆NFR	無	有 勝	無
實用性	有些已過時	符合現代應用 勝	已失散
叢書完整與可及性	收藏在故宮	完整且隨時可購閱 勝	大部分失散
可讀性	艱澀的文言文	現代白話文，易讀易懂 勝	深奧古文
國際版權	無	有 勝	無
歷史價值	1782 年成書	2023 年出版 勝 最晚成書，以現代的視角、觀點撰寫，最符合趨勢應用，後出轉精！	1407 年完成 勝 成書時間最早，珍貴的古董典籍。

> 「真永是真」人生大道叢書，將是史上最偉大的知識服務智慧型工程！堪比《四庫全書》、《永樂大典》，收錄的是古今通用的道理，具實用性跨界整合的智慧，絕對值得典藏！

國家圖書館出版品預行編目資料

打造 AI 世界寵物樂園／王鼎琪著. -- 初版 -- 新北市
：活泉書坊，采舍國際有限公司發行，2024.02　面；
　公分 -
ISBN 978-986-271-988-6（平裝）

1.CST: 寵物飼養 2.CST: 人工智慧 3.CST: 數位科技

437.3　　　　　　　　　　　　　　　　112022660

活泉書坊

打造 AI 世界寵物樂園

出版者 ▍ 活泉書坊
作　者 ▍ 王鼎琪、吳錦珠
總編輯 ▍ 歐綾纖　　　　　　　　　文字編輯 ▍ 廖建榮
品質總監 ▍ 王晴天　　　　　　　　美術設計 ▍ 林妤蓁

台灣出版中心 ▍ 新北市中和區中山路 2 段 366 巷 10 號 10 樓
電　話 ▍ (02) 2248-7896　　　　　傳　真 ▍ (02) 2248-7758
物流中心 ▍ 新北市中和區中山路 2 段 366 巷 10 號 3 樓
電　話 ▍ (02) 8245-8786　　　　　傳　真 ▍ (02) 8245-8718
ISBN ▍ 978-986-271-988-6
出版日期 ▍ 2024 年 2 月初版

世界寵物星球頻道
地址 ▍ 台北市南港區三重路 19 號 3 樓　　　LINE@ ▍ @237cgqgp

全球華文市場總代理／采舍國際
地　址 ▍ 新北市中和區中山路 2 段 366 巷 10 號 3 樓
業務部電話 ▍ (02) 2248-7896　　　　傳　真 ▍ (02) 8245-8718

新絲路網路書店
地　址 ▍ 新北市中和區中山路 2 段 366 巷 10 號 10 樓
網　址 ▍ www.silkbook.com
電　話 ▍ (02) 8245-9896　　　　　傳　真 ▍ (02) 8245-8819

本書採減碳印製流程，碳足跡追蹤，並使用優質中性紙（Acid & Alkali Free）通過綠色環保認證，最符環保要求。

線上 pbook&ebook 總代理：全球華文聯合出版平台
地址：新北市中和區中山路 2 段 366 巷 10 號 10 樓
● 新絲路電子書城 www.silkbook.com/ebookstore/
● 華文網雲端書城 www.book4u.com.tw
● 新絲路網路書店 www.silkbook.com